新型职业农民科技培训教材

优质茶生产实用新技术

主　编　段新友

电子科技大学出版社

图书在版编目（CIP）数据

优质茶生产实用新技术 / 新型职业农民科技培训教材编委会编. —成都：电子科技大学出版社，2012.7（2017.6 重印）

新型职业农民科技培训教材

ISBN 978-7-5647-1245-7

Ⅰ. ①优… Ⅱ. ①新… Ⅲ. ①茶叶－栽培技术－技术培训－教材 Ⅳ. ①S571.1

中国版本图书馆 CIP 数据核字（2012）第 153248 号

新型职业农民科技培训教材

优质茶生产实用新技术

《新型职业农民科技培训教材》编委会　编

出　　版：电子科技大学出版社（成都市一环路东一段 159 号电子信息产业大厦　邮编：610051）
策划编辑：辜守义
责任编辑：辜守义
主　　页：www.uestcp.com.cn
电子邮箱：uestcp@uestcp.com.cn
发　　行：新华书店经销
印　　刷：郫县犀浦印刷厂
成品尺寸：130mm×195mm　印张 4.625　字数 100 千字
版　　次：2012 年 8 月第一版
印　　次：2017 年 6 月第 7 次印刷
书　　号：ISBN 978-7-5647-1245-7
定　　价：8.80 元

◆ 本社发行部电话：028-83202463；本社邮购电话：028-83201495。
◆ 本书如有缺页、破损、装订错误，请寄回印刷厂调换。

新型职业农民科技培训教材

编委会

编者的话

为贯彻落实中央1号文件和全国农业科技教育工作会议精神，加快培育新型职业农民，推进现代农业发展，保障国家粮食安全和主要农产品有效供给，“以传播农业知识，提高农民素质，促进农业生产，增加农民收入”为宗旨，我们组织有关职业技术院校的涉农专业教师和长期从事农业技术推广工作的资深专家，编写了这套具有较强针对性和实用性，又便于农民朋友学习、提高的培训教材，供各地开展新型职业农民培训时选用。

该套教材采用了国家最新标准、法定计量单位和最新名词、术语，并注重行业针对性和实用性，力求做到内容浅显易懂、图文并茂，让农民朋友易于学习、掌握。该套教材共涵盖种植、养殖、加工、农产品安全等四个大类，共20多种，是目前国内同类教材中最新的一套培训系列教材。

由于编写时间较为仓促，教材中难免存在不足和错误，诚望各位专家和广大读者批评指正。

《新型职业农民科技培训教材》编委会

2012年7月

目 录

第一章 概　述

第一节　四川茶叶产业发展现状与展望

可持续发展已作为我国经济和社会发展的一项基本国策。茶业的发展也必须坚持可持续发展战略，实现生态保护和经济效益的有效结合。茶业可持续发展就是要做到：第一，茶叶产品质量安全，向消费者提供安全的绿色茶叶产品，保障消费者的利益。第二，生产场所无污染，维护操作者的利益。第三，对生态环境无污染，维护所在地人民群众的利益。包括：一是茶园建设和管理与生态环境保护相结合，避免对生态环境造成破坏；二是茶叶加工过程中，实行清洁化生产，高效利用茶叶资源，最大限度地控制污染。因此，川茶可持续发展可定义为：在茶的生产、加工及经营活动中，科学地保护和利用茶树种质资源，保护和改善茶区生态环境，充分发挥茶业的经济、社会和生态效益，最大限度满足市场需求，又能为未来的发展留有持续经营的空间。

一、川茶产业发展现状

茶叶是四川的主要特产之一，传统出口创汇产品，在农村经济中占有重要地位，是盆周茶区和丘陵茶区农民增收和财政税收的重要来源。四川也是全国主产茶区之一，2003 年，全省茶园总面积 187 万亩（每亩等于 667 平方米，后同）。其中，无性系良种茶园 47 万亩，占全省茶园总面积的 30.52%；茶叶总产量 5.84 万吨，其中名优茶产量 2.6 万吨，占茶叶总产量的 36.11%；茶叶总产值 8.5 亿元，其中名优茶产值 4.8 亿元，占茶叶总产值的 56.47%。茶业的发展，为促进农村经济发展，农民增收，财政增税，做出了积极的贡献，被省委、省政府列为农业结构调整、生态建设的重点发展项目之一。

（一）发展特点

由于四川独特的生态、资源优势，全省现有产茶县 120 多个，重点产茶县 30 多个。主要分布在：盆周山区。北川、平武、青川、旺苍、通江、南江、万源、宣汉、沐川、马边、荥经、芦山、屏山等县市，面积占全省茶园总面积的 69%，产量占 47%，生产无公害茶、绿色食品茶、有机茶具有得天独厚的生态环境优势，是农民现金收入的主要来源之一。但该区域山高坡陡，茶园基础差，受到交通、能源、信息及经济力量的限制；盆地丘陵区。名山、雨城、峨眉山、夹江、高县、珙县、筠连、宜宾、纳溪、叙永、荣县等县（区）市，面积占全省总面积的 25.7%，产量占 46%，是建设优质、高产、高效茶园重点发展的最佳适宜区；坝区、蒲江、邛崃等县市，面积占5.3%，产量占7%，生产条件较好，但耕地资源有限。近年来，30多个重点产茶县市的新发展茶园面积占到全省新发展面积的70%以上，新增产量占全省新增产量的80%以上，茶叶生产的发展逐步向重点产茶县集中。

1. 稳定发展，持续增产增收

近几年，川茶面积增幅较大，产量、产值都逐年增长，特别是近两年新发展面积增加较快。1998～2003年八年间，全省茶园面积增加了64.03%，年均增长10.67%，达到187万亩，居全国第五位，西部第二位，投产茶园面积115万亩；茶叶总产量增加了40.62%，年均增长6.77%，达到7.2万吨，居全国第六位；名优茶产量增加了116.67%，年均增长19.44%；茶叶总产值增加了66.67%，年均增长11.11%。名优茶的较快增长，保持了川茶总量平衡，效益增加，稳定持续发展的良好势头。

2. 良种繁育推广，明显加快

随着加入WTO、实施西部大开发和结构调整的深入，各级政府及茶农对茶树良种重要性的认识显著提高，自觉推广和应用无性系茶树良种。2001、2002、2003年全省无性系茶苗分别达到4.5亿株、6.0亿株和7.0亿株，三年全省共新发展无性系良种茶园近60万亩，达到75万亩，使全省无性系良种茶园比重达到40.1%，基地发展是近10年来最快的三年，并且建设质量有了较大的提高，各地都注重选择生态好、水源有保障、交通条件较便利的地方，土质好、土层深厚的田土发展新茶园，为建成优质高效基地奠定了良好基础。

3. 产品质量提高，结构进一步优化

通过大力推广良种及无公害生产技术、机制名优茶技术等系列重大技术，茶叶质量得以不断提高，产品结构得以不断优化。良种茶园的增加为生产名优茶奠定了坚实基础；无公害生产技术为生产放心茶、满足消费者保健化的要求提供了保障；机制名优茶技术为提高名优茶生产效率，扩大批量，形成规模，减少加工污染，降低劳动强度和成本，稳定提高产品质量提供了有力保证。全省拥有名优茶加工机械 7500 余台套，名优茶机制率达到 65% 以上，促进了名优茶生产的发展，名优茶比重由 1998 年的 23.44% 提高到 2003 年的 36.11%，名优茶产值占茶叶总产值的比重从 29.4% 提高到 56.47%。

4. 茶叶安全生产意识，明显增强

随着人们生活水平的提高，人们对食品安全性、保健化提出了更高要求。中央提出了用 5 ~ 8 年的时间消除田间到餐桌的污染，农业部提出并正在实施无公害行动计划，部、省、市及许多重点产茶县（市）都制定了无公害茶叶生产技术规程，一些地方还以政府文件形式发布了关于加强农产品管理的规定性文件。从 2002 年起，四川省开展了无公害农产品生产基地和无公害农产品认证，绿色食品茶、有机茶认证工作也在积极有效开展，安全意识有了明显增强，正在由政府行为转化为生产、经营者的自觉行为。到 2003 年底，全省有 60 家茶叶企业的产品获得了四川省无公害农产品证书，有 80 多万亩茶园通过四川省无公害农产品生产基地认证，认证面积占全省茶园面积的45%，占投产茶园面积的70%，名山县、峨眉山市、洪雅县被列为全国无公害茶叶示范基地县；全省有13家企业的26个产品获得了绿色食品证书；全省有16家企业1.3万亩茶园获得了有机茶认证。

5. 产业化经营，市场开拓，有新进展

由于产品质量提高，结构优化，竞争力增强，茶叶生产蓬勃发展，迎来了产业化经营的较快发展，竹叶青、绿昌茗、叙府、龙都、道泉、仙芝竹尖等一批龙头企业经营规模不断扩大，经营能力不断增强。如国家级农业产业化重点龙头企业竹叶青茶叶公司，把实施“竹叶青”名牌战略作为主攻方向，通过机制和体制创新来运营、提升品牌；通过走产业化之路，抓基地建设、优质产品和省内外市场，引进先进设备和技术等措施来夯实品牌基础，使“竹叶青”茶叶品牌的知名度不断提高，目前“竹叶青”品牌已成为中国茶叶十大名牌之一和四川省名茶第一大品牌，其品牌价值经专业评估机构评估已逾亿元。森林茶业、茗山茶业、林湖茶业、瑞云茶业、佛泉茶业等一批有实力的茶叶企业，成为川茶产业化发展的生力军，它们带来的投入、经营理念、管理机制为川茶产业的发展注入了新的活力。青川、马边等茶区的业主经营生机勃勃。仙芝竹尖茶业合作社，乐山、雅安、蒲江、雨城茶业协会等一批专业合作组织、专业协会应运而生，有力地促进了川茶产业化水平的提高。2003年，全省销售额5000万元以上的企业有2家，1000万元以上的有10家。同时，市场开拓有了新进展，绿昌茗、竹叶青等公司的产品实现了直接出口，国内市场不断扩大，每年2～3月的春季名优茶50%以上销往省外，竹叶青公司、雅安吉祥茶业等企业的产品，开始以自有品牌成批进入了北京、上海、深圳等城市的商场、超市。

6. 政府重视，产业发展合力增强

2002年9月，省委、省政府召开了全省茶叶产业化工作会议，这是十多年来，专门针对川茶产业发展由省委、省政府召开的首次会议，提出了抓住西部大开发机遇，应对加入WTO，实施“双百工程”，加快茶叶产业化经营，尽快建成西部茶叶出口创汇基地，推进茶叶产业化新跨越。全省统一了发展茶叶产业化对促进结构调整、农民增收和生态建设重要性的认识，明确了把茶叶基地建设纳入退耕还林，计划、财政、农业、扶贫等各种资金向茶叶产业倾斜，扶持发展，形成了共同推进川茶产业快速发展的合力。特别是2003年12月，国家领导人曾庆红亲自视察了竹叶青公司后，对川茶产业的发展必将起到极大的鼓舞作用。

（二）主要问题及主要障碍因素

1. 主要问题

（1）企业规模小，产业化程度不高　四川的茶场、茶厂、茶叶公司等多达数千家，如名山县就有250多家，屏山县有150多家，其中大部分是家庭作坊式生产经营企业。茶园多是平分到户，分散加工，分散经营。由于各自为政，缺乏生产与市场相互沟通，未形成多种形式的联合或合作，产加销、贸工农技一体化的产业化经营规模小，茶叶经营的组织化程度不高。2002年，没有一家茶叶企业的销售额达到1亿元，达到5000万元以上也仅2家。企业规模过小导致我省茶叶产业无知名企业，更谈不上真正意义的现代企业。

（2）生产机械化程度不高　四川茶叶生产机械化水平还较低，尤其是茶园机采机剪、名优茶机制技术尚未全面普及推广，机采、机剪面积还占不到投产茶园面积的10%，名优茶机制率仅达到60%，而且发展很不平衡。大宗茶加工设施设备约有70%需要更新改造，普遍存在厂房破旧、设备落后，卫生条件差的状况，卫生质量不能保证，茶叶品质很难稳定和提高，企业生产规模小，生产成本高，经济效益差。

（3）标准化生产意识淡薄，产品质量不高　一是四川企业普遍存在无标准生产或有标不依，加工工艺技术不规范。据统计，目前茶叶企业约有30%未制订产品质量标准，70%的企业无生产加工技术规范标准，导致加工粗制滥造，产品质量不稳定。二是茶叶质量等级混乱，以次充好，以假冒真，抬级抬价现象严重。三是中低档茶比重过大（占64%），名优茶比重小（仅占36%），名优茶产值仅占56%。浙江、江苏名优茶产值已占80%以上。四是茶叶产品的水分超标较严重，有的竟高达20%。

（4）科技支撑力度弱　茶园基地建设，加工厂改造，新技术、新品种、新工艺的推广应用，投入较大。许多地方只重视茶叶生产经营，不注重智力和科技投资，全省主产茶县的重点乡镇几乎都未配备有茶叶技术员，茶农素质低，经营管理水平低，技术力量薄弱，科技推广率低，科技对茶业发展的支撑作用不能充分发挥。一是茶树良种普及率低。全省无性系良种茶园面积仅占总面积的40.1%，与先进省区、世界先进水平存在较大差距，福建、江苏已达70%，日本达93%，肯尼亚达100%，斯里兰卡达55%。二是栽培管理粗放，茶园单产低。四川茶园单产只有全国平均单产的60%，与日本、斯里兰卡、肯尼亚等主要产茶国相比差距更大。三是产品档次低。茶叶生产企业科技创新意识薄弱，生产的茶叶基本上是初级产品，产品的技术含量与附加值均很低。

2. 主要障碍

(1) 无害化、保健化要求日益强烈，绿色壁垒严重

随着经济的发展，消费水平的不断提高，人们的营养意识和健康意识日益增强，特别是受“非典”的影响，对茶叶保健化的要求与日俱增。然而在目前千家万户的小生产方式下，高毒高残农药的使用和茶叶中的农药残留重金属超标及其他有害物质，难以做到有效控制。农药残留问题妥善解决与否，在某种意义上关系到茶业的兴衰。随着人们生活水平的提高和对食品消费意识的增强，茶叶安全问题将会更加受到社会各界重视。2003 年 5 月 15 日开始实施 NY659—2003 新标准，即《茶叶中铬、镉、汞、砷及氟化物的限量》规定，新增铬≤5 毫克/千克、镉≤1 毫克/千克、汞≤0.3 毫克/千克、砷≤2 毫克/千克、氟化物≤200 毫克/千克。国家还将在茶叶行业实行食品安全准入制度（QS），大多数

茶叶企业必须通过重新改造，才能迈过这道门槛。

由于大多数茶叶进口国自身并不产茶，加上目前国际茶叶市场呈现供过于求的状况，茶叶进口国特别欧盟成员国，以保护本国消费者健康和生态环境为借口，自2001年7月1日起对进口茶叶实施极为苛刻的农药残留标准，使我国对欧盟茶叶出口数量连年下降，贸易成本和风险增大，我国出口茶叶的声誉也因此受损。无独有偶，我国茶叶另一个重要出口市场日本，也将用3年时间新设约200种农药残留标准。由此可见，绿色壁垒必将增加茶叶出口国的生产成本，严重影响茶叶出口。

（2）小规模生产与大市场、大流通的矛盾突出

在茶叶产业链中，不论茶树种植，还是茶叶加工、经营，均存在规模小的问题。目前四川茶叶小规模生产主要表现在：一是区域化、规模化生产尚未形成，没有一个20万亩以上，像以生产“黄山毛峰”而著名的安徽省休宁县（27万人口、20万亩茶园）的茶叶基地县；二是茶树种植以农户为主体，平均每户仅1亩左右。茶叶生产规模小，组织化程度低，而且往往是兼业茶农；而在印度，全国60个茶树种植场的茶叶产量占全部总产量的60%，而且每个种植场都有自己的加工厂、包装厂、出口公司。日本主产区静冈县有茶园2370公顷，平均每户0.52公顷，每10~15户组成茶农合作社，由农协统一购置农业机械、统一防治病虫害，合作社统一收购、统一加工。斯里兰卡有茶场1100余家，平均每家茶厂加工茶叶550吨。三是加工企业规模小，家庭式、作坊式加工多，产业化水平低，真正有实力、有一

定市场占有率的龙头企业和名牌产品少。这种小生产和经营方式，摆脱不了以生产、销售原料为主体的经营模式，难以以自有品牌挤占国内市场，开拓国际市场能力弱，经营效益低，很难与大市场大流通对接，尤其是很难与销售区建立相对固定的供货渠道和占据相对稳定的市场份额。矛盾将会越来越明显。

（3）洋茶冲击，竞争激烈　国内市场将面临洋茶的冲击，按照1999年海关进口税则，我国进口茶税率优惠为30%，普通为100%，加入WTO后，进口茶叶关税降至14.5%～15.0%，意味着洋茶在中国市场的准入空间将大大增加。同时，加入WTO后，我国对外资投向的限制进一步放宽，将会有更多的外商企业凭借雄厚的资本实力、健全的销售网络、先进的营销手段及品牌效应，对我国茶叶加工、贸易企业造成巨大冲击，势必挤垮一批规模小、经营不善、竞争力弱的国内茶叶企业。

二、川茶产业发展有利条件分析

（一）物种品质及环境条件优势分析

1. 历史悠久

四川是茶的故乡，也是种茶业和茶文化的摇篮，对茶发现和利用最早，已有3000多年的种植历史，远在2000多年前就已形成商品，设市销售。唐宋时期，川茶产量居当时全国之冠，名茶创制最先，据史料记载，饮茶、种茶和茶叶的传播都起源于四川。由于悠久的茶业历史，丰富的资源和优良的品质，自古享有“蜀土茶称圣”的美誉，并孕育和形成丰厚的茶文化底蕴，成为中华茶文化的发祥地。光辉灿烂的种植、饮用、茶文化悠久历史，为繁荣祖国茶业，丰富、发展和传播祖国茶文化，做出了巨大的贡献。

2. 茶树品种资源丰富

四川是茶树原产地之一，独特的自然生态条件，孕育了丰富的茶树品种资源，大叶种、中叶种、小叶种，早熟、中熟、晚熟等优良品种都有，在雅安、邛崃、古蔺等地都还保留有许多大茶树。现在种植的省级以上的优良品种有 40 多个，其中本省地方良种 20 多个。近年加快了品种选育、审定步伐，2003 年，名山特早 213、天府 28 号、天府 11 号、花秋 1 号四个品种通过了省级品种审定；2003 年，由四川省农业厅牵头，组织产、学、研方面专家对近年从外省引进的茶树新品种物候期、适应性、适制性、丰产性、抗逆性、品质特点等进行了综合评价，以川农业厅函（川农业函［2003］418 号）向全省推荐了乌牛早、平阳特早、春波绿、龙井长叶作为四川引进茶树新品种的重点推广主栽品种。目前，四川茶业重点推广的名山 131、名山特早 213、福鼎大白茶、福选 9 号、乌牛早等无性系良种，具有发芽早、整齐、产量高、品质优、适应性及适制性强等特点，为推进川茶无性系良种化，实现多茶类、多品种、不同区域种植提供了丰富的品种资源。

3. 茶叶自然品质好

四川气候条件独特，茶区分布在日照少（年日照 1000 ~ 1400 小时）、气温适宜（年均温 14 ~ 17℃）、无霜期长（240～320天）、降雨丰富（年降雨量1000～1400毫米）、云雾多、湿度大、漫射光丰富的盆周山区和丘陵地区，能满足茶树喜温好湿、喜漫射光的生物学特性，是发展茶叶特色产品的最适宜区。同时，由于冬暖夏凉的气候特点，四川开发早茶、名优茶优势突出，比江浙等主产区提早近1个月上市。由于得天独厚的生态条件和优势品种，茶叶内含物丰富，尤其是名优绿茶，不仅香浓味爽，而且耐冲泡。

4. 宜茶土地资源辽阔

全省幅员面积48.5万平方千米，丘陵和山地占59.5%，现有耕地6426.7万亩，据普查，坡度6～25度的宜茶坡地有3000多万亩，而且生态条件较好，为建设新型茶叶产业基地，提供了丰富的土地资源。

5. 具有良好的产业发展基础

多年来，生产、经营、科研、教育能通力合作，形成了一支稳定的、比较成熟的生产和经营队伍，四川农业大学、宜宾职业技术学院设有茶学专业，为川茶发展提供人才支持。四川省茶科所为川茶发展提供技术支持，省、市、县农业部门形成了较系统、完善的茶叶科技推广及生产经营管理体系。民营茶叶加工企业快速发展，数量不断增加，规模不断扩大，组织结构不断完善，在茶叶加工中的地位不断提高，逐渐成为川茶加工业的骨干力量。地方政府高度重视，茶农积极性高。改革开放以来，四川交通、信息都有空前改善。所有这些，都为川茶产业的发展创造了良好的生产基础和社会环境。

6. 川茶产业面临良好发展机遇

四川茶业面临四大机遇：一是实施西部大开发，为川茶经济的发展提供了难得的历史机遇。西部 12 个省（市、区）中，云南、贵州、四川、广西、重庆、陕西、甘肃和西藏 8 个省（市、区）产茶，茶园面积、茶叶产量分别占全国总量的 33.7% 和 28.2%，四川茶园面积、茶叶产量均居西部第二位，茶叶总产值居第一位，茶业是四川茶区农民脱贫致富的支柱产业，在退耕还林、农业结构调整中，茶叶是重点支持的产业。二是农业结构战略性调整为茶业发展带来机遇。同粮油等大宗农产品相比，茶叶属于比较效益高的农产品，农业战略性调整有利于发展茶叶产业，茶叶在主产区受到高度重视，投入明显加大。三是加入 WTO 为茶叶发展带来机遇。加入 WTO 后，我国茶叶出口可享受所有缔约国的最优惠待遇，有利于扩大我国茶叶出口。同时，我国茶叶在国际市场上具备明显的比价优势，茶业的良好发展前景，将吸引更多的资金投入，加大对传统茶叶产业的改造，提高茶叶产业的档次，加速茶叶产业的发展。四是我国茶叶发展逐渐往中西部地区转移带来发展机遇。广东、福建、浙江等经济发达的茶叶主产区，劳动力成本高，茶叶生产比较效益降低，茶树种植面积和产量逐年下降，全国茶叶生产的发展逐渐往中西部地区转移，为川茶生产发展提供了良好机遇。

（二）市场竞争能力及市场开发潜力分析

1. 川茶具有较强的市场竞争能力

（1）品质优　由于得天独厚的生态条件和优势品

种，茶叶内含丰富，与先进、精湛的加工技术相结合，就能生产出香高味爽，适应消费者需要的各类优质茶。

（2）上市早　由于冬暖夏凉的气候特点，春季气温回升早而快，四川茶区开园采摘，普遍比浙江、江苏等主产茶省提前 20～30 天，占领早茶市场，获得好的效益。特别是川南茶区，2 月中旬即可采摘新茶，开发早茶、名优茶的优势潜力更大。

（3）产品类型多样　四川不仅产有红茶、绿茶、花茶、边茶、乌龙茶，而且条形、针形、卷曲形、珠形、片形茶等都有，并具有地方特色的各类名优茶，能满足消费者多样化、优质化的需求。

（4）价格较低　茶叶是劳动密集型产品，四川地处内陆，经济发展相对滞后，劳动力丰富，劳动力成本低；同时，四川电力等能源充足，加工成本较低。因此，产品成本较经济发达的浙江、江苏等主产茶省低，茶叶价格较低，具有较强的竞争力。近几年，四川早春名茶价格一般每千克 200～300 元，而浙江早春名茶价格一般每千克 500～600 元。每年 3 月底前，四川所产名优茶 50% 以上都直接销往省外。

（5）茶产品顺应市场需求结构的变化　20 世纪 70 年代前，全世界茶叶贸易中红、绿茶比重为 9∶1。据世界粮农组织统计，在过去十年中，世界茶叶总产量以年均 1.9% 的速度增长，绿茶产量以 2.5% 的速度增长，高于红茶的 1%。2001 年红茶产量占世界茶叶总产量的比例从 1971 年的 90.53% 下降到 70%，而绿茶的比例从 8.61% 上升到 22%。据世界粮农组织预测，到 2010 年，世界绿茶产量将达到年均 2.8% 的增长速度，红茶 1.7%，绿茶产量仍将保持快于红茶产量的增长速度。这种变化趋势对于占世界绿茶绝对份额的中国（绿茶占 69.91%，红茶占 15.54%）和主产名优绿茶的四川来说，是难得的机遇，川茶香高、味爽、耐冲泡的品质特征在国内外市场中具有较强的竞争优势。

2. 市场开发潜力巨大

茶叶是世界二大饮料之一，21 世纪健康饮品中，茶叶市场开发潜力巨大。第一，人均消费低，国内市场潜力大。近几年，我国茶叶总产量维持在 65 万～70 万吨，常年出口 20 万～25 万吨，国内消费 45 万～50 万吨。从我国茶叶内销市场的需求规模方面分析，我国茶叶内销市场的需求规模将进一步扩大，世界人均消费茶叶近 500 克。目前，我国人均茶叶消费量只有 360 克，只占世界平均消费量的 60%，比爱尔兰（2.69 千克）、土耳其（2.56 千克）、科威特（2.34 千克）、英国（2.33 千克）、卡塔尔（2.21 千克）、摩洛哥（1.40 千克）、斯里兰卡（1.28 千克）、日本（1.08 千克）都要低得多。如果中国人每天人均消费 3 克茶叶，即人均每天一杯茶，那么年人均消费茶叶可增加到 1095 克，全国 13 亿人口每年就要消费 142.35 万吨茶叶，这个数量可能比目前整个国际茶叶贸易量还要多，因此千万不能小视国内市场。

近年来，国内消费年均增长 5% 左右，随着我国经济社会的发展，人民生活水平的提高，茶叶保健功能的有效发挥和茶文化作用的增强，不仅追求茶叶产品的优质化、多样化，而且需求量也将保持较快增长，可见国内消费市场潜力巨大。

第二，外销市场开拓，前景看好。近年来，国际茶叶贸易持续增长，至2002年，国际茶叶出口已达150万吨，比上一年上升了7.5%，较1992年的101.54万吨增长了47.7%。将过去的十年划分成两个五年期来看，第一阶段茶叶贸易以每年3.46%的速度增长，而第二个阶段以每年3.7%的速度增长。斯里兰卡是世界第一大茶叶出口国，占国际出口总量的20%，紧随其后的是肯尼亚（18.6%）、中国（17.7%）、印度（13.8%）和印尼（7.0%）。这五个出口大国的出口量占全球出口总量的77.1%。相对于绿茶需求不断上升，中国垄断了世界绿茶出口量的75%，据此，不难看出在未来的若干年中，中国可能将继续受益于日益繁荣的绿茶外销市场。据海关统计，我国绿茶出口连续几年保持了较快增长，2002年出口绿茶总量较1999年增长了40.06%，年均增长10%。

四川曾是红茶和绿茶出口重要产区之一，红茶出口曾居全国第二位，绿茶出口也有一定规模，出口曾占总产量的1/3。1986年自营出口茶叶（包括重庆市）1.13万吨，创汇1257万美元。由于出口体制等方面的原因，近十年来出口量锐减。2002年，四川茶叶出口量不足2千吨，不及总产量的4%。川茶出口由盛而衰，大幅下降，根本原因是过去的外贸管理体制不适应市场变化，独家经营，出口许可证和配额管理。可以说，四川目前的茶业经济还是“缺腿”经济，从全国格局看，保持出口三分之一，内销三分之二，但这正是四川茶业发展潜力所在。随着加入WTO，不断改革外贸体制，采取积极扶持出口措施，改进加工工艺，四川茶叶出口实现快速恢复性增长是可以预期的。

目前全省已有12家茶叶龙头企业获得了茶叶出口权，为开拓国际茶叶市场，促进川茶出口和川茶的可持续发展奠定了良好基础。

第三，茶叶综合利用前景广阔。国内外茶叶综合利用发展很快，茶饮料、速溶茶、茶点等的消费迅速增长。如风靡日本的乌龙茶罐装饮料、茶点，欧美的速溶茶，国内冰茶饮料等，中国台湾茶饮料更是占到各类饮料的25%，2002年我国茶饮料生产量达到300万吨，茶多酚生产超过1200吨。由于茶叶含有许多生理活性成分，如儿茶素、茶皂素、咖啡碱、茶多糖、硒、锌等，使茶叶从饮料业跨入食品、化工、医药、水产业和轻工业等领域。日本到处可见绿茶粉生产的具有除臭、抗菌和抗氧化等功能的保健产品。

我国中医药学传统理论认为饮茶有24种功效，并称“药为一病之药，茶为万病之药”。现代预防医学研究证明，茶的保健作用广泛，可减肥、防衰老、美容、抗动脉硬化、抗疲劳、降血压、防癌抗癌等。特别是“非典”的暴发流行，更显示出茶叶特殊保健预防功能。充分表明茶叶未来可持续发展的广阔前景。

3. 生产成本及经营条件优势分析

茶叶产品生产成本主要由茶园生产管理成本、采摘劳务支出成本、加工成本三大部分组成。当前茶叶生产，以采摘劳务支出成本最高，约占产品成本的50%，生产管理成本约占30%，加工成本约占20%。茶业作为劳动密集型产业，四川本来具有劳动力资源丰富，劳务成本低的优势。同时，可采取一系列科技措施降低生产成本。如：采用免耕栽培，降低中耕除草等生产管理成本；采用无公害栽培技术，减少防治病虫害农药支出；采用机械修剪、机械采摘、机械加工，对于降低生产成本效果极其显著。近年来的生产实践表明，一台双人修剪机、采茶机，两个劳动力可负责完成100亩的修剪，70亩的采摘任务，与手工相比，工效可分别提高10倍、15倍，费用分别降低40%、50%；机械加工名优茶，工效可提高6~8倍，每千克茶叶加工成本减少8~10元，不仅劳动强度降低，还促进了名优茶品质的提高和批量的扩大。

川茶经营条件也具有一定的优势。表现在：一是各重点茶区政府，为促进茶业的发展，对前来合作开发生产、加工和经营的单位或个人，制定了一系列的优惠扶持政策，创造了较为宽松的生产经营环境；二是交通条件大为改善，公路、铁路、航空运输的快速发展，为产品物流的快速流转，及时到达目标市场提供便捷条件；三是服务体系较为完善，科技服务体系、信息网络体系、质量监督监测体系等，为茶叶生产、经营创造了良好的服务条件。

三、川茶产业可持续发展对策

（一）发展思路

针对茶业发展所面临的形势和川茶产业所具有的生态资源、技术等优势以及川茶产业发展存在的问题，川茶可持续发展的思路是：坚持以市场为导向，瞄准国内和国际两个市场，以提高茶业的经济、社会、生态效益为目标，合理调整茶叶产业布局，建设优势产业带；以做大做强龙头企业为核心，推进茶业产业化经营；以科技创新为支撑，优化产品质量结构，开发深加工产品，促进产业升级，实现川茶产业的茶树良种化、产品优势化、采制机械化和服务社会化，加快推进川茶产业的可持续发展。

（二）对策措施

1. 调整布局，建设优势产业带

因地制宜，合理布局，实行区域开发，是实现茶业产业化的基础和必备条件。根据四川的气候、资源特点，按照最适生态原则，大力调整布局，向优势产区集中，建设优势产业带，实行区域化、规模化、专业化生产，开发形成具有区域特色的优势产业和优势产品。

今后的发展，要逐步淘汰非适宜区的茶园，改造适宜区内的低产茶园，在优生区和适宜区重点发展一批无性系良种茶。盆周山区应从边缘大山、高山区，向坡度在25度以下适宜种茶的浅山或丘陵转移；盆地丘陵要发挥优势，重点发展；坝区要从实际出发，适度规模发展。通过新发展和改造，建成三大优势茶叶产业带，以名山、雨城、峨眉山、马边、沐川、夹江、洪雅、蒲江、邛崃等县（市、区）为重点的川西优势茶叶产业带，以筠连、高县、屏山、宜宾、纳溪等县（市、区）

为重点的川南优势茶叶产业带，以北川、平武、青川、旺苍、通江、南江、宣汉、万源为重点的川东北优势茶叶产业带。

产品布局，川西茶区生态适宜，旅游资源丰富，重点开发绿色旅游名优绿茶；川南长江流域茶区，利用气候优势，重点开发优质早茶和出口红茶；川东北茶区，利用土质富硒的特点，重点开发优质富硒茶；川西、川北山区，利用特有生态优势，重点开发有机茶；川中利用有规模的茉莉花基地，重点开发优质茉莉花茶。

要进一步优化产品结构，发挥名优茶特色，提高质量，扩大批量，形成规模效益，2010 年，名优茶产量、产值在茶叶总产量、总产值中所占比重，分别达到 60%、80%以上，努力提高大宗茶质量，充分发挥和提高川茶的整体效益。

2. 加大投入力度，建设生态专业化茶业生产基地

与世界很多国家一样，我省不少地区因大量使用合成化肥、农药、生长调节剂等物质，出现了一系列与国外发达国家类似的弊端。20 世纪 80 年代初我省开始发展生态农业，90 年代初开始发展绿色食品，本世纪开始发展无公害茶和开发有机茶，为生态茶业的发展奠定了良好基础，有利于促进茶业的可持续发展。近年来，我省各级政府和部门，在农业结构调整、退耕还林、生态建设中，对茶业的发展给予了极大地重视。

为适应 WTO 的需要，促进川茶产业和川茶经济的发展，必须加大投入力度，把退耕还林、扶贫、财政、农业等各种资金集中打捆使用，按照优势区划和优质、

高产、高效、安全、生态的原则，建设一批足以支撑川茶产业快速发展的无公害茶、绿色食品茶、有机茶专业化生产基地，加速无公害茶、绿色食品茶和有机茶开发。到2010年，全省茶园总面积达到200万亩，打造10个茶园基地面积10万亩以上、茶叶总产值2亿元以上的茶叶产业大县；全部实现无公害生产，绿色食品茶生产基地达到全省茶园总面积的30%以上，有机茶生产基地达到20万亩以上，达到生产安全化，为提高产品质量，增强产品的竞争力，应对技术壁垒，促进川茶出口，提高川茶市场占有率奠定坚实基础。

3. 培育竞争主体，促进产业化经营

茶业产业化经营的特征是贸工农一体化，本质是建立合理利益分配机制，通过与农户建立利益共享、风险共担的产业化经营机制，建立稳定的原料供应基地，并通过龙头企业把千家万户分散的小规模经营者联结起来，形成“小规模、大群体”格局，提高规模效益。企业产品要占领市场，除了质量、价格因素外，还需要叫得响的品牌，才能提高茶业的整体效益。

针对四川茶叶品牌多，名牌产品少，经营规模小，龙头企业实力不强的实际，要实现四川茶业的持续快速发展，必须重视质量，提高质量，树立全面质量意识，培育、扶持市场竞争主体，发展壮大龙头企业。一是重点选择几个市场前景好、特色突出的名牌产品，如竹叶青、叙府龙芽、绿昌茗、蒙顶茶、仙芝竹尖、龙都等，通过扶持龙头企业，把它们培植成知名度高、市场竞争力强，占有率高的知名品牌。二是大力扶持国家、省级龙头企业，竹叶青茶业、叙府茶业、茗山茶业、佛泉茶业、绿昌茗茶业、龙都茶业等，把它们培植成带动作用大、经济实力强的龙头企业或企业集团，带动整个川茶经济的持续发展。到2010年，培育1～2个销售额达到5亿元、8～10个超过1亿元的茶叶企业，名牌茶叶的销售量占茶叶销售总量的1/3以上。三是积极培植茶业合作组织、协会等专业组织，发挥它们与茶农紧密、面广的作用，形成以龙头企业为主体，茶叶专业组织为补充的茶业产业化经营模式。

4. 完善质量标准、监测体系，实施标准化生产

近年来，国家和四川都加快了标准体系的建设，修订和制定了一些茶叶生产、加工、产品标准，但离茶业发展的要求还有很大差距。针对川茶生产中标准化意识淡薄，质量标准体系和质量监测体系不完善，无标生产较为普遍，对茶叶产品质量的监测和控制缺少必要手段的状况，为了增强川茶产业竞争力，促进川茶可持续发展，应当加大投入，加快质量标准、监测体系建设。一是要加强宣传，强化标准化意识，把标准化生产转化为生产者、经营者的自觉行为。二是加快标准体系建设，用3～5年时间，通过修订和制定，形成国家、行业、省、市、企业等不同层次的完善标准体系，实现生产、经营中有标可依。三是加快质量监测体系建设，完善省、市一级，重点在主产茶区建设完善监测体系，加强过程控制，做到有标必依，违标必究。四是加强示范、培训，使生产者、经营者懂得如何去进行标准化生产。到2010年，全省要基本上实现规范化种植、标准化生

产。五是要发挥龙头企业、协会的作用，带动广大生产者、经营者实行标准化生产。

5. 强化科技支撑，推广先进实用技术

茶叶企业要树立自己的品牌，需要有与竞争对手相抗衡的产品。提高茶叶产品质量，降低产品成本，增强川茶的市场竞争力，必须依靠科技进步。第一，加快无性系良种化。良种化是实现茶叶优质高效的重要技术措施，名优茶的发展使广大茶叶生产者真正感受到了良种的优越性，发展茶叶生产，必须坚持不是良种不发展，发展必须是无性系良种，早中晚熟品种搭配，2010 年，无性系良种茶园比例达到 60% 以上。要加快良繁体系建设，加快地方良种的选育和引进优良新品种的试验、示范、推广，不断优化川茶品种结构。第二，积极推广早生栽培技术、平衡施肥技术、病虫草害无害化综合防治技术，提高茶园管理技术水平。第三，大力推广机械化采茶和名优茶机制技术。随着茶叶企业规模的扩大，以及劳动力成本的提高，对机械化采茶和名优茶机制技术的需求越来越迫切，2010 年，名优茶机制率达到 90% 以上。第四，加快科技成果产业化。袋泡茶、速溶茶、保健茶和功能茶等新产品不断推向市场，茶叶加工逐步从粗加工向精加工、深加工转变；茶天然产物提取与利用将形成新型产业，成为促进茶叶产业发展的新的增长点。第五，加大培训、示范力度。通过对广大生产者、经营者特别是茶农的不断培训、示范，全面提高川茶产业的生产、经营管理水平。

6. 建立健全产业的市场支撑体系

市场是茶叶由产品转换为商品的交易平台，完善的市场体系，对于实现茶叶产品商品价值、延长产业链、促进产业持续健康发展具有积极的意义。针对川茶市场建设滞后，产业链短，交易手段和方式落后，以品牌茶叶销售量小、初级原料形式销售占绝大多数的现状，必须加快市场体系建设。一是建设产地批发交易市场。优势产业带的集中产区要规划建设产地批发交易市场，减少中间环节，减少公路、田间交易，为外来客商收购创造良好环境，并利于发现价格，体现公平交易，实现优质优价，增加农民收入。二是开拓销区市场。主销区龙头企业应设立办事处、营销中心或分公司，在批发市场开设展示专销区，实现品牌销售。为迅速挤占主销区市场，可采取与当地知名茶叶企业合作，实行贴牌销售，降低市场开拓成本。三是改进交易方式。在做好现有批发零售为主体的销售方式的基础上，扩大直销，减少中间环节；开展连锁、专销，提高市场占有率；拓展网上交易，降低营销成本；条件成熟时，探索拍卖销售。四是加大营销队伍建设力度。加强对营销人员茶文化、茶知识、先进营销理念和营销知识的培训。

7. 加大茶叶综合开发利用，提高茶业综合效益

茶叶综合开发利用已越来越受到各国重视，已成为开展深加工、精加工和大幅度增加茶业附加值的重要手段。随着科技水平的提高，对茶利用价值研究的深入和开发手段的改善，茶叶综合开发利用的前景将更加广阔。一是茶饮料开发。近年来，茶饮料以其天然、健康和方便的特点而受到消费者的欢迎。有专家认为，21 世

纪的饮料市场将是茶饮料的世界，一些地区茶饮料消费已超过咖啡和碳酸饮料而成为“饮料新贵”。从20世纪90年代中期开始，到2002年，短短几年时间，我国茶饮料产量已达到300万吨，预计到2010年将达到1000万~1500万吨，康师傅、统一、雀巢、娃哈哈几大品牌的市场占有率已达70%~80%。二是茶食品开发。即在食品中加入一定量的茶叶，如茶点、茶糖果、茶面条等。我国西南山地民族仍保留“吃茶”的习俗，日本利用超微粉茶开发茶食品，重庆新开发的茶餐，四川西部茶区开发的油炸茶、炒茶蛋等，都具有特色。只要不断探索创新，加强宣传，将会不断拓宽茶食品领域。三是茶化工开发。通过对茶叶中含量丰富的生理活性成分的提取，茶叶在化工、医药、轻工等领域的应用将更为广泛，2002年我国茶多酚的生产量超过了1200吨，近年来，咖啡咽、茶黄素、茶氨酸、儿茶素等的开发利用进展很快。四是功能保健饮料开发。越来越多的医学研究成果表明茶叶的预防保健作用更加突出，更加广泛，更加体现了开发功能保健茶的市场前景，如低咖啡碱茶、高茶氨酸茶等的开发。

8. 立足内销市场，大力开拓国际市场

目前，我国作为一个发展中国家人年均茶叶消费量仅360克，不仅比英国、爱尔兰、科威特等经济发达国家低，也远比印度、斯里兰卡及中亚国家等发展中国家低。我国是一个拥有13亿人口的大国，政治安定，经济发展蒸蒸日上，人民生活水平快速提高，不仅对茶叶多样化、优质化提出了更高要求，而且茶叶消费量也将保持稳定增长。近年来，国内茶叶消费量保持了年均5%左右的增长。同时，中国是一个礼仪之邦，自古就有客来敬茶的美德。开门七件事就有“茶”，茶在人们生活中占有重要地位，“茶”是我国的“国饮”，国内对茶叶的消费潜力巨大。联合利华、英国立顿及中国台湾天福等外商、台商企业都一致看好中国茶叶市场，正不遗余力进驻。因此，我省茶业应采取应对措施，首先立足国内市场，开拓国际市场。一是充分利用、发挥四川生态、资源优势，生产优质、安全产品，满足消费者优质化、保健化的需求。二是瞄准市场需求结构变化，优化产品结构，生产适销对路产品，满足消费者多样化需求。三是加强宣传，扩大川茶知名度，树立川茶质优、安全、价廉物美的形象。四是发挥川茶文化底蕴深厚的作用，开展形式多样、丰富多彩的茶文化活动，扩大川茶影响。

能否实现川茶产业的可持续发展，在很大程度上有赖于实现川茶出口的增长。近几年来，世界绿茶贸易增速较快，1999～2002年，全国绿茶出口实现了年均10%以上的增长速度，绿茶贸易的快速增长，为川绿茶出口提供难得机遇。为实现川茶出口的再次跨越，应抓住加入WTO和绿茶贸易快速增长的机遇，采取积极有效措施，发挥川茶原料优质、丰富的优势，生产符合国际市场需要的中低档优质绿茶。2010年，力争川茶出口量占到全省茶叶总产量的20%～30%。第一，建设一批以有机茶为重点的出口创汇基地。有机茶是规避绿色壁垒、通往国际市场行之有效的战略措施，四川具有发展有机茶的良好生态环境，2010年前，在以川西峨眉山、马边、洪雅、沐川、名山、雨城和川北的北川、平武、青川、旺苍等为重点的优势产茶大县，建设20万亩有机茶生产出口基地，为生产出口川茶提供优质、充足、安全的原料。第二，扶持一批出口龙头企业。从现有企业中选择一批有规模、有名牌、有出口创汇能力的龙头企业，进行重点扶持。第三，鼓励企业对外开展合资合作，优势互补，借助外商的资金、技术、管理、信息优势和市场渠道，扩大川茶出口。

9. 弘扬茶文化，为可持续发展提供了强大动力

四川是古老的茶乡，境内留有不少珍贵的茶文物，如西汉“武阳买茶”茶市（今彭山县双江镇），皇茶园、石屋、蒙泉（今名山县蒙顶山），文君井（今邛崃市），宋代茶马司（今名山县新店镇）、宋代茶农王小波和李顺揭竿起义遗址（今都江堰市味江之滨沙坪），宋代摩崖石刻——紫云坪植茗灵园记（今万源市石窝乡古社坪），宜宾、古蔺、名山等县遗存下来的野生大茶树，以及雅安、荥经、天全、夹江、筠连等地的茶马古道等。古老的茶文物，每一个都对应着美丽的故事和闪光的史实。

四川幅员辽阔，又是藏、彝、羌、苗、土家族等多民族居住的省份，由于各民族所处地理环境不同，历史文化不同，生活风俗各异，从而形成了丰富多彩的饮茶习俗。如藏族的酥油茶、羌族的奶茶、苗族和土家族的打油茶、成都的盖碗茶等。更以号称“茶馆甲天下”的四川茶馆文化最有影响。茶馆是四川人喝茶最好、最讲

究、最普遍的地方，无论是传统的，还是现代的茶馆和茶楼，都各有特色。加上近几年新兴的一批现代与传统相结合的观光茶园、旅游茶园和休闲茶园，都展现了宝贵、丰富的川茶文化资源。

著名经济学家于光远先生说："在今天更需要发挥茶文化的作用，来为发展茶叶经济服务。"充分开发利用四川茶文化资源，开展有特色的茶文化活动，对引导消费，扩大销售，促进川茶经济发展具有重要意义。

为此，首先各级政府和有关部门要高度重视和加强领导，积极支持，并创造良好的环境条件；第二，开展四川茶文化活动，要突出特色，发挥川茶文化特点，提高质量，重在效果；第三，开展茶文化，要紧密地与茶叶经济相结合，为促进茶叶产业发展服务；第四，要同有关部门配合，如文化、旅游、民委、经贸、农业、餐饮等部门，办好茶文化周、茶文化旅游节、茶文化书画展、文化名茶展示、茶艺茶道表演，以及多种形式茶叶博览会、文化交流会、研讨会，特别是要发挥四川茶馆文化的作用；第五，紧密地与新闻媒体合作，扩大宣传，提高川茶知名度。

10. 创造良好环境，制定完善产业发展政策

茶叶产业的持续稳定发展，离不开政府的重视和扶持，没有良好的产业发展环境，就不可能有茶叶产业的健康稳定发展。近年来，川茶产业基地建设加快，良种推广比任何时候都好，产业化经营发展快，茶文化活动丰富，正是由于省委、省政府高度重视茶产业，把川茶产业纳入农业产业结构调整，退耕还林，生态建设，促

进农民增收骨干项目来抓。第一，政府给予足够重视。国家在制定产业发展规划时，政府应对茶业给以长远、足够重视，要以“换人不换思路”的战略眼光，把茶业纳入发展农业、发展农村经济，促进增收、促进就业的整体战略部署中进行总体规划。第二，加大投入。集中打捆各种资金，在基地建设、良种推广、产业化经营、市场建设、科技培训等方面加大投入力度，特别是在税收优惠、资金投入、信贷贴息等方面给予有效的支持。第三，各重点茶区，对前来合作开发生产、加工和经营的单位或个人，应制定优惠扶持政策，创造较为宽松的生产经营环境。第四，进一步完善科技服务体系、信息网络体系、质量监督监测体系等，为茶叶生产、经营创造良好的服务条件。第五，鼓励制度创新。按照自愿、有偿原则，加速土地合理流转，促进规模化、专业化经营。第六，鼓励机制创新。打破体制障碍，通过改组、改制，促进和扶持民营企业、专业合作组织发展。第七，鼓励企业科技创新。加速科技成果转化，提高科技贡献率，促进产品竞争力增强。第八，改革价格管理体制。茶叶作为“三类”农产品，实行定价管理和许可配额管理，已不符合市场经济发展的要求，建议有关部门彻底放开茶叶价格，由市场来决定，企业按照企业产品标准自行定价。第九，改革外贸体制。给予有名牌、有规模、有创汇能力的龙头企业出口权，取消出口许可证和配额管理，让龙头企业有更多的自主权，利用国内国外两种资源，开拓国内、国外两个市场，促进川茶产业的可持续发展。

第二节 分析形势，开拓创新，扎实推进茶产业又好又快发展

一、正确分析形势，坚定发展信心

（一）面积扩大，产量增加

连续几年茶园面积稳定发展，产量持续增长的同时，2006 年虽遭遇了百年不遇的持久干旱，但由于加强了茶园管理，投产茶园面积扩大，仍获得了较好的收成。全省茶园总面积达到 238 万亩，比上年增加 10 万亩，增长 4.38%，茶园采摘面积增加 8 万亩，达到 155 万亩；茶叶产量 11.28 万吨，比上年增加 1.49 万吨，增长 15.2%，面积、产量均居全国第三位。

（二）购销两旺，茶农增收显著

由于川茶在全国开园较早，质量高，并形成了批量生产，2 月中下旬开始，省外各路客商即云集四川各主产区采购，源源不断发往省外市场。据调查，生产的各类名优茶有 50% 以上销往省外。茶叶鲜叶价格稳中有升，维持在较高价格水平的时间长，标准独芽鲜叶价格每千克较上年提高 5 ~ 8 元。茶叶产值 18 亿元，比上年增加 2.1 亿元，增长 13.2%。茶产业的快速发展，为促进茶农增收、农村经济发展作出较大的贡献。全省 300 多万茶农人均茶叶增收 70 元左右，名山县全县农民人均茶叶一项增收达到 350 元。

（三）区域布局进一步合理，规模化生产取得新进展

全省茶区分布中，以川西地区的成都、眉山、乐山、雅安四地茶区不仅发展速度快，而且发展质量也比较高，整村推进，连片集中，规模化、专业化水平较高，受到部省领导和省内外同行的好评。自2000年来，茶园面积年均增长33.31%，产量年均增长22.13%，远远高出全省年均增长速度。尤其是蒲江、邛崃、夹江、马边、峨眉山、洪雅、名山和雨城区8个县（市、区），茶园面积分别都在10万亩左右，产量在3000吨以上。全省28个重点产茶县中，新发展茶园面积占全省新发展茶园面积的80%以上，产量占90%以上。茶叶正向优势产区集中，区域化的发展，带动了产业集聚、规模化发展和专业化生产，加快了产业带形成。

（四）茶类结构进一步优化，效益显著增加

2006年，紧紧围绕优化结构，提高质量，增加效益，大力推广先进名优茶加工机械，提高名优茶加工水平，全省名优茶发展快，产量达到4.48万吨，比2005年增加0.79万吨，增加21.4%，名优茶产量占茶叶总产量的比重达到39.8%，名优茶产值11.5亿元，占茶叶总产值的63.8%，提高八个百分点。名优茶的快速发展，推动了茶产业经济的持续、协调发展，生态效益、社会效益和经济效益显著增加。

（五）推广先进实用技术，提高科技支撑水平

近几年来，不断加强对无性系良种茶苗的应用和推广，2006年全省无性系良种茶园面积达到102万亩，占总面积的43%。大力推广机制名优茶，名优茶加工设备近1万台（套），机制率达到75%，川西地区达到80%

以上。同时茶园园艺设施、标准化栽培与加工、商品化处理与冷藏保鲜等技术也得到了广泛应用和推广；茶叶清洁化生产也开始全面实施。先进实用技术的应用和推广，促进了茶叶质量改善，对增加效益和提高整体素质发挥了重要作用。

（六）培植壮大龙头，打造名牌

随着茶叶企业不断增加，生产规模不断扩大，企业素质不断提高，龙头企业快速发展，综合实力明显增强。省级以上产业化经营重点茶叶龙头企业达到12家，比上年新增加4家，其中有国家级龙头企业2家；企业不断壮大，名牌意识不断增强，整合资源、打造精品、实施名牌战略的力度加大，全省现有国家级驰名商标企业1家，省级著名商标企业8家。2006年评选出有代表性的“四川十大名茶”，“竹叶青”又作为四川唯一荣获农业部首批“中国名牌农产品”称号的品牌，提高了川茶产业的知名度。龙头企业的发展与成熟，名牌的打造和知名度的提高，为川茶产业快速发展，发挥了较大的带动作用。

（七）茶叶出口工作，稳步推进

随着茶叶龙头企业的壮大，茶叶安全生产水平的提高，四川绿茶出口工作得到了加强，据业务调查统计，全省茶叶直接出口和间接出口总量近1万吨。一是去年4月省政府在蒲江召开了“全省出口茶叶工作会议”，加强了对茶叶出口工作的领导。二是有关部门加大了出口工作力度，四川省农业厅支持建设了一批标准化示范基地，并按照《农产品质量安全法》加强了质量安全管理。四川有100万亩茶园获无公害茶叶基地认证，占投产茶园面积的70%；33家企业获得有机茶认证，有机茶园认证面积达2.5万亩；竹叶青、绿昌茗、嘉竹通过了全国首批茶叶GAP一级认证，为推动良好农业操作规范的实施，促进出口起到了积极的作用。三是竹叶青、绿昌茗、嘉竹、叙府等有出口能力的龙头企业，在出口生产基地实施“公司+基地+农户”，对订单农户，实行统一技术标准，农药统供、建卡销售、统防统治，有效提高了标准化水平，促进了出口原料基地建设和产品出口。

（八）发展茶叶“一村一品”，促进新农村建设取得新突破

根据2006年四川省农业厅对全省21个市州3750个发展“一村一品”专业村的调查统计，全省40.4%的茶园集中在专业村，涌现了夹江县修文村、洪雅县青杠村、高县华丰村、筠连县银星村、蒲江县同兴村、北川县盖头村、青川县大沟村等专业村和名山县中峰、双河等专业乡镇，在许多主产茶区形成了“一村一品”、“多村一品”、“一乡一色”的专业化、规模化发展局面，名山县20个乡镇，1万亩以上茶园的专业乡镇达到了12个。茶叶“一村一品”的快速发展，对于建设现代农业、强化新农村建设的产业支撑，促进农民增收、夯实新农村建设的经济基础，提高农民素质、增强农民在新农村建设中的主体作用，都具有十分重要的意义。

全省茶叶虽然曾遇到冬干春旱，但由于茶业具有较好的产业基础，各地、各部门领导重视，措施得力，全省茶叶仍然获得了较好的收成。春茶开采时间较过去提

前10～15天，鲜叶价格低开高走，在高位持续时间长，每千克鲜叶较过去增加2～4元，上涨5%～10%；大宗茶价格增幅较大，增长10%～20%。市场销售保持旺盛的势头，许多企业已无存货。全省春茶总产量5.1万吨，其中名优产量3.3万吨，比去年减少5%；总产值达13亿元，比去年同期增加2亿元，增长16.6%。全省300多万茶农通过鲜叶销售，人均可实现增收60元。预计今年全省茶园总面积可达到243万亩，总产量11.5万吨，总产值21亿元，分别较上年增加5万亩、0.22万吨和3亿元。

四川茶叶快速发展的今天，同省外先进省市相比还有较大差距。一是区域化布局、规模化种植、专业化生产、集约化经营发展很不平衡。二是市场品牌开发不够，产业化水平低，产业链条短。茶叶出口量不足1万吨，直接出口量仅1000余吨。三是生产、经营极度分散，安全控制难度大。茶叶经营组织化程度低，农药、肥料等投入品管理和生产过程难以有效控制。四是投入较少，缺乏统筹协调、有序发展的长效机制。

二、深化思想认识，创新发展方式

（一）进一步深化认识

茶叶产业是四川盆周山区、盆地丘陵农村经济的支柱产业，种植业的骨干特色产业，构建现代农业的重要支撑产业，也是建设社会主义新农村的重要抓手。

一是新农村建设的产业支撑。茶叶正在成为四川农业和农村经济的支柱产业，农民收入的突出亮点。夹江县修文村、洪雅青杠村、高县华丰村、筠连银星村、蒲江同兴村等专业村和名山县中峰、双河等专业乡镇，都是依托茶叶产业，打造“一村一品”，实施新农村建设的典型。夹江县修文村，地处山区，人口 1532 人。十年以前仅有 100 亩集体茶园，农民人均纯收入不足 900 元。他们依托山区生态、气候、土壤优势，发展良种茶园 4500 亩，全村农民人均纯收入达到 4460 元，比全县农民人均纯收入 3600 元高 20% 以上，生产、生活条件都得到了根本改善。

二是农民增收的可靠抓手。发展茶叶产业是实现农业增效、茶农持续增收的可靠抓手。2006 年，四川茶叶总产值达到 18 亿元，全省 300 多万茶农人均茶叶增收约 70 元；名山县鲜叶总产值达到 4. 8 亿元，仅茶叶一项全县农民人均纯收入达到 1235 元，占农民人均纯收入的 1/3 以上。

三是产业化经营的重要内容。茶叶产业商品性强、商品率高、竞争激烈、产业链长、互动性强，品种、技术更新快，需要产、加、销各个环节协调发展。从良种繁育、基地建设、生产管理到产品的产后处理、贮藏、包装、加工的整个产业链，都要求以产业化经营来增强竞争力，实现效益的最大化。

四是农村劳动力的转移载体。茶叶产业是劳动密集型的产业，在生产、加工、包装、营销等环节需要大量的劳动力。茶叶产业的发展，可有效地促进四川农村剩余劳动力的就地转移。调查表明，茶叶产业发展较好的地方，农民外出务工的比例就小。名山、洪雅、蒲江、纳溪等茶叶主产区，还要从外地大量引入劳动力。成都市就有茶楼、茶馆8000多家，可吸纳大量进城务工人员就业。

五是发展乡村旅游的重要项目。四川是古老的茶乡，多民族居住的省份，有不少珍贵的茶文物，饮茶习俗丰富多彩，茶文化厚重，民间流传着许多茶艺、茶诗、茶歌、茶俗。各地开展的采茶节、茶文化周、茶文化旅游节、茶文化书画展、文化名茶展示、茶艺茶道表演，以及多种形式茶叶博览会、文化交流会、研讨会等茶文化活动，营造全社会“爱茶、饮茶、论茶”的氛围，成为发展乡村旅游、拓展农业功能的重要项目。

（二）要把握好优势和潜力

1. 优势分析

一是种茶历史悠久，茶文化底蕴深厚。四川是茶的故乡，也是种茶业和茶文化的摇篮，对茶发现和利用最早，茶马古道、茶文化圣山——蒙顶山等，茶业历史悠久，茶文化底蕴深厚，自古享有“蜀土茶称圣”、“扬子江中水，蒙山顶上茶”的美誉，成为中华茶文化的发祥地。

二是种质资源多样，茶树品种丰富。四川是茶树原产地之一，独特的自然生态条件，孕育了丰富的茶树品种资源，在雅安、邛崃、古蔺、宜宾等地都还保留有许多大茶树。目前，重点推广的名山131、名山特早213、福鼎大白茶、福选9号、乌牛早等无性系良种，具有发芽早、产量高、品质优、适应性及适制性强等特点，为推进川茶无性系良种化，实现多茶类、多品种、不同区域种植提供了丰富的品种资源。

三是生态条件优越，茶叶品质良好。四川气候条件独特，日照少、气温适宜、无霜期长、降雨丰富、云雾多、湿度大，茶叶内含物丰富，是《全国茶叶优势区域规划》的名优绿茶和出口绿茶优势区域。同时，冬暖夏凉的气候特点，开发早茶、名优茶优势突出，比江浙等主产区提早近1个月上市。

四是产业基础较好，技术水平先进。四川茶园面积、茶叶产量均居全国第三位，形成了一支稳定的生产和经营队伍。四川农业大学、宜宾职业技术学院、四川省茶科所为川茶发展提供人才、技术支持，农业部门形成了较系统、完善的茶叶科技推广及生产经营管理体系，在品种选育、茶树栽培、加工工艺技术研究与应用等诸多方面居全国前列；加工企业快速发展，带动能力不断增强；地方政府高度重视，茶农积极性高，川茶产业发展具有良好的生产基础和社会环境。

五是生产成本低，产品竞争力较强。茶叶产业是一个劳动密集型的产业，四川劳动力资源、能源丰富，生产成本相对较低，产品价格竞争优势较强。

2. 潜力分析

一是规模开发潜力大。全省宜茶土地多，生态条件较好，为建设新型茶叶产业基地，提供了丰富的土地资源。二是增产潜力大。四川茶叶大面积平均亩产47千克，低于全国平均水平，全省各茶区都有不少平均亩产200～300千克、亩收入5000元以上的成片集中茶园。三是质量效益提高潜力大。全省名优茶比重仅占39.2%，浙江省名优茶比重达到80%以上，其茶叶总产值达到54亿元，四川茶园面积接近浙江，提质增效潜力大。四是市场开发和产业化经营潜力大。品牌开发较差，中高档市场占有率不高，自营出口量小，产业化经营水平低。增加名牌产品销量和扩大出口，推进产业化经营的潜力巨大。

（三）要创新发展理念

围绕提质降耗，优化区域布局、优化品种结构、优化品质结构、优化市场结构，增强产品和产业竞争力。一要树立市场理念。茶叶产业是市场化程度很高的产业，必须充分利用国内外两种资源，紧跟国内外两个市场，为卖而产，为赚而卖。二要树立人才理念。科技是第一生产力，创新是第一竞争力，人才是提高产业竞争力的源泉。三要树立标准理念。标准化是现代农业的重要标志，推进标准化对提高产品竞争力具有关键性作用。只有主动融入国际标准体系大格局中，广泛采用国际标准，才能在国际经济大循环中立足壮大，提高茶叶产业的出口创汇能力。四要树立品牌理念。品牌就是竞争力，一个名优品牌可以带动一方产业。发展茶叶产业不但要有规模、有产品，更重要的是要创品牌，依靠品牌提升档次、占领市场。五要树立效益理念。发展茶叶产业的根本目标是实现效益最大化，最大限度增加农民收入，要在加工增值上多做文章，延伸产业链和增收链。

三、突出工作重点，扎实推进发展

四川茶产业发展按照稳定面积、挖掘潜力，优化布局、突出特色，依靠科技、提高质量，发展产业、增加效益的发展思路，通过扶龙头、建基地、抓安全，内抓名优茶、外抓出口茶，把四川茶叶比较优势和潜在市场竞争优势转化为商品优势，推进川茶产业又好又快发展，促进传统茶业向现代茶业跨越。

其具体措施，要突出六个重点：

（一）着力优化区域布局，建设优势产业带

按照最适生态原则，调整布局，向优势产区集中，建设优势产业带，实行区域化、规模化、专业化生产，形成具有区域特色的优势产业和优势产品。一是坚持优势优先原则。更加突出重点，继续引导茶业向产业基础好、生态最适的优势产区集中，积极构建规模化、专业化程度更高，特色更鲜明的优势产业带，促进区域之间协调发展。二是坚持效益优先原则。因地制宜，引导基地建设向低海拔、水源充足、交通方便、土质好的区域转移，最大限度地提升土地产出率、劳动生产率和经济效益。三是坚持集约化原则。引导产业基地向优势企业集中，加快标准高、质量高、集约化程度高的现代农业示范基地建设步伐，大力提升优势产区的综合生产能力和整体竞争力。四川省农业厅已制订《四川省“十一五”优势特色茶叶产业发展规划》。

（二）着力依靠科技，加快增长方式转变

四川茶叶产业依靠提高单位面积产量、产品质量和经济效益的潜力还很大，着力依靠科技，加快茶叶产业增长方式由数量型向质量效益型转变。要紧跟市场需求，突出抓好关键技术的创新与应用，提高产业科技创新能力。一是要在重点产区建设良繁基地和科技园区，集中力量引进、选育一批品种，特别是品质好、抗病抗虫能力强的新品种，提高良种化水平。做到发展必须无性系良种，不是无性系良种不发展。二是推广早生栽培、平衡施肥、病虫草害无害化综合防治等技术，提高茶园管理技术水平；推广机械化采茶、修剪和清洁化加工技术，降低生产成本，提高产品质量安全水平。三是要充分利用部、省各项培训工程，采取多形式、多层次、分季节开展各类技术培训，更新知识，培养科技人才，扩大农民技术队伍。

（三）着力强化标准，增强产品竞争力

绿色壁垒越来越成为国际贸易的制约因素，产品安全已成为产品市场竞争能力的决定因素之一，推进标准化对提高产业竞争力具有关键性作用。一是要牢固树立“以人为本、全程质量控制、可持续发展”的理念，把标准化作为主攻方向，作为依靠科技、普及技术、挖掘潜力、增强产品竞争力的重要抓手。二是要以保障产品质量安全为重点，加快标准制定步伐，把握国外标准变化动态，尽快实现产品质量、卫生标准与国际接轨，以标准化基地建设为依托，扩大标准实施范围，构建茶叶质量安全保障体系。三是要加快建设质量可追溯体系，“关口”前移，抓源头，标本兼治，加强全程质量控制，对有出口能力的龙头企业开展 GAP 一级认证，内销龙头企业要积极开展 GAP 二级认证，在生产基地实行农药连锁经营，建卡销售，做到农药统供、病虫害统防统治，把质量可追溯理念贯穿于产业发展全过程。四是要健全企业自检体系，提高企业的自检自控能力，确保产品质量。五要充分发挥龙头企业、专合组织和专业协会的纽带作用，通过“龙头+科技+农户”的模式，引导带动生产基地和农户自觉采用标准。六是要加大质量安全认证力度（QS、有机、绿色、GAP等），增强企业采用标准和实施产品标志的自觉性。

（四）着力打造品牌，推进产业化经营

发展现代品牌，打造名牌，推进产业化经营是壮大茶业的必由之路。一是打造知名品牌，全面实施品牌化建设，塑造地方特色品牌，提高产品知名度、市场竞争力和市场占有率。二是培育壮大龙头企业，要走大企业带动、大基地联动、大产业运作的产业化发展路子，实现由产品向产业的升级跨越，形成龙头企业、品牌带动产业发展的良好格局，形成一批技术装备水平高、经济实力雄厚、带动能力强的现代龙头企业和企业集团。鼓励和引导龙头企业与基地和农户建立稳定的产销协作关系和多种形式的利益联结机制，大力推广“公司（企业）+基地+农户”的产业化经营模式，发展订单生产，切实促进茶农增收。三是积极发展农村专业合作经济组织，充分发挥农村专业合作经济组织在产业服务、行业自律等方面的作用，提高农民的组织化程度，增强抗御市场风险的能力。

（五）着力强化营销，扩大产品销路

集中产区和中心城市，有计划、分期分批建设一批功能齐全、设施先进、辐射能力强的骨干专业批发市场，发挥市场的商品集散、价格调节、信息引导作用。要积极发展现代营销业，推行网上营销、直供营销和连锁营销，拓展销售渠道。要组织产区企业到销区开展产品推荐活动，设立销售窗口，拓展市场，扩大影响，提高知名度，带动销售，拉动生产。

四川中低档优质绿茶符合出口市场需要，要发挥四川茶叶的规模优势，把四川茶叶出口的比较优势和潜在市场竞争优势转化为出口商品优势，实现茶叶出口弱省向出口大省的转变。一是要建设出口生产基地，提高出口茶生产基地化、规模化、专业化水平，满足出口加工需要。二是要培育国际竞争力较强、出口基础较好、效益佳和带动农民就业、促进农民增收效果好的出口型龙头企业。三是要瞄准目标市场，改革工艺、制定标准，实施清洁化、标准化生产，确立重点出口茶叶产品。

（六）着力弘扬川茶文化，拓展茶产业功能

结合社会主义新农村建设抓好标准化基地建设、发展产业的同时，要充分开发、利用四川茶文化资源，开展富有特色的茶文化乡村旅游活动，促进茶业经济发展，促进社会主义新农村建设。一是要研究、挖掘、弘扬四川茶历史、茶文化，有针对性的举办研讨会、采茶节、茶艺表演和茶会等活动；二是要走出去、请进来，组织、参与展示、展销、品茶等活动，特别是要积极组织参加国外和省外中心城市举办的展示展销活动；三是要充分发挥和利用国内外新闻媒体的作用，加强宣传，扩大影响，让更多的国内外消费者了解四川的茶和茶文化。

第二章 栽培

第一节 重视良种，加快茶园良种化

四川是茶叶生产大省之一，为迎接新世纪四川茶业所面临的挑战和机遇，实现川茶产业可持续发展，必须以良种为突破口，加快无性系良种的选繁和推广，扩大良种名茶和名牌产品的产销，促进茶业整体素质和效益的提高。

一、推广无性系良种的必要性

茶叶生产中，无性系良种的作用尤为突出。据测算，在茶叶生产增值的技术因素中，良种的贡献率在20%以上。国内外茶业发展的大量事实证明，推广应用无性系良种，是茶叶优质、高产、高效的有效途径，是振兴茶业经济，推进茶业产业化的重要基础。

（一）大幅度提高茶叶产量和质量

科研和生产实践表明，茶树良种在相对一致的栽培管理条件下，通常比普通栽培品种增产20%～30%。茶树品种又是构成茶叶自然品质的重要因素，成品茶的外形和内质风格，均受品种种性所左右。由于不同品种的物理特性（指芽叶肥瘦、大小、叶色、叶质、叶片厚度、茸毛多少和柔软程度不同，是塑造茶叶外形的基础）和化学特性（指芽叶中生化成分的含量和组成不同，是形成茶叶色香味的物质基础）不同，因此可造制不同的茶类，适合加工成不同的名茶。无性系良种一般具有良好的物理和化学特性，为塑造优质茶外形创造了有利条件，同时为形成优质茶内质提供了物质基础。如国家级无性系良种福鼎大白茶，具有发芽早、芽叶肥壮、茸毛特多等特点；生化成分中，茶多酚含量适中（低于20%），氨基酸含量高（超过4%）。因此，茶叶产量比四川中小叶种高20%~30%，适制绿茶和毛峰类名茶，品质优，粟香味鲜。

（二）促进名优茶的开发和效益增加

发展名优茶离不开良种，不同的无性系良种可创制各种类型和风格独特的名优茶。目前，全国部省级名优茶有1000多种，除传统名茶外，大部分新创制的名优茶都是用无性系良种制作的。为什么良种适制名优茶？这是由于一些良种具有早萌、芽叶绿色多茸毛、特嫩性强的特点，适制毛峰、毛尖和银针等毫形名茶；有的良种纤细少毛，淡绿或黄绿色，这类良种适制龙井、竹叶青等名茶，其成品茶较易做到“光、扁、平、直”的要求。此外，不少良种生化成分的组成合适，一般茶多酚不超过25%，氨基酸高于3%，所制名茶的内在品质一般都具有香气高爽、滋味鲜醇的特点，能充分体现名优茶风格。良种不仅能出名茶、出品牌，而且能出效益，用良种和普通品种制同一种名茶，其价格可相差几十元甚至上百元，由此可大幅度提高茶园产值。例如：浙江嵊川市应桂岩村种植迎霜良种的400多亩茶园，采制“浙江龙井”等名茶，平均亩产值超过1万元。四川也有不少应用良种创名茶增效益的先进典型。如：名山县和蒲江县城佳乡种植无性系良种的茶园，亩产值可达到4000～6000元。由此看来，发展名优茶需要良种作基础，推广良种需要名优茶来带动。

（三）有利于实现采茶机械化和名优茶加工机械化

从目前茶叶生产发展的趋势来看，实现大宗茶机采和名优茶机制是必然的方向。茶树良种，特别是无性系良种，具有发芽整齐、嫩度一致、芽头大小均匀和色泽一致等整齐化生物学特性，既便于机采又便于名优茶机械加工。

（四）良种化是建设“一优两高”茶业，推进茶业产业化的基础

肯尼亚只有90多年的产茶历史和112万亩茶园，但其非常注重茶树良种的选繁和推广工作，自20世纪60年代以来，经过三四十年的努力，使全国的无性系普及率达到100%。良种化使该国茶业经济迅速崛起，自20世纪80年代初到1995年短短十多年间，不仅茶叶产量和出口量翻了一番，而且红碎茶质量、茶叶单产和茶叶出口量先后超过印度、斯里兰卡而跃居世界首位。我国一些无性系普及率较高的省份，茶园素质、单产水平和茶叶品质均有较大提高。例如：无性系良种茶园比例达70%的福建省，茶叶总产1999年达12.35万吨，产量排名已跃居全国首位，平均单产高出全国平均水平的30%

左右。

当前，四川的许多生产企业和茶农已经认识到，没有既早生又优质的无性系良种和大面积的良种基地作后盾，很难生产出质量过硬的名优茶和名牌产品，要实现有一定规模的产业化经营就更不容易了。以清醇、淡雅著称的“竹叶青”产销量逐年增加，除了精湛的采制技术外，就是因为生产基地推广应用了适制性很强的福鼎大白茶等无性系良种，从而使“竹叶青”成了全省茶业产业化的龙头名茶。

总之，无性系良种在茶叶生产中具有举足轻重的作用，无性系良种的比例是衡量一个国家和地区茶叶生产水平的重要标志，也是检验茶叶生产科技含量的重要内容。四川省无性系良种的比例仅16.67%，低于全国平均水平（17%），更大大低于福建、肯尼亚、日本等先进产茶地区和国家。由此导致了四川省茶园整体素质差，茶园单产低，鲜叶质量低，产品质量不高，经济效益不好的局面。这与当前建设一优两高茶业和推进茶业产业化的要求不相适应，更不能适应名优茶开发和机械化采茶等新技术推广应用的需要。因此，重视良种，加速良种的繁育推广势在必行。今后发展茶叶生产，不是良种不发展，发展必须是无性系良种，要彻底淘汰茶籽直播的种植方式。

二、推广无性系良种的有利条件

（一）政府重视和政策扶持

当前，西部大开发和农村产业结构的调整、优化为四川茶业的发展提供了难得的发展机遇。由于茶叶是农民增收和地方财政的主要财源，以良种为突破口推进名优茶生产和茶业产业化，已受到产区各级政府的高度重视，纳入了总体发展规划，并提到议事日程。为了加快良种推广步伐，调动茶农发展无性系良种的积极性，一些产区制定了一系列的扶持政策，对发展无性系良种园的茶场和农户给予适当补贴、低息或无息贷款。例如：屏山县人民政府对本县种植无性系良种的农户，每建一亩无性系良种园由财政补贴种苗费2500元。

（二）老茶园改植和新茶园适度发展需大力推广无性系良种

四川绝大多数的茶园是20世纪70年代发展起来的，基础建设很差，单产低，平均亩产只有50多千克，全省尚有1/3的低产衰老茶园需改造。其中相当一部分要改植换种。此外，在茶叶主产区，可在坡度25度以下的适宜种茶的浅山或丘陵适度发展新茶园。因此，全省需改植和新植的茶园面积预计有30万~50万亩，这样为无性系良种的发展提供了很大的空间。到2005年，全省无性系良种的面积由现在的16.7%，增加到35%以上。

（三）茶农观念转变，发展良种茶园有较高的积极性

过去要茶农发展良种难度很大。现在茶农对良种的应用有了较深刻的认识并尝到了栽种良种的甜头，由此转变了观念，对发展无性系良种茶园从不愿到自愿发展。例如：名山县茅河乡香水村的38户茶农，通过发

展良种茶园，采制名茶和剪穗育苗，户均茶叶纯收入达2万元以上。该村的带动，一个种良种、繁育良种、用良种制名优茶的热潮在全县兴起，使名山县的良种园比例达到了70%。

（四）良繁体系已经建立，可保证优质茶苗的供应

目前，四川已建立并逐步完善了母本园、苗圃园、生产示范园配套、早中晚熟品种配套的良繁体系。省级名山茶树良种场拥有母穗园300余亩，苗圃200多亩，生产示范园1000余亩。主要繁育品种有名山131、福鼎大白茶、福选9号、蒙山11号、早白尖5号、梅占等10多个名优绿茶良种和蜀永1号、蜀永2号等红茶品种，每年可提供茶苗3000万~5000万株。除名山良种场繁育茶苗外，名山县还出现了一大批育苗专业户，一些茶叶产区也相应建立了具有一定规模的茶树良种基地，初步形成了良种繁殖网。全省每年可提供优质苗木2亿~3亿株。为了满足无性茶良种苗需要量不断增大的要求，名山良种场的规模正进一步完善扩大，宜宾二级良种场也正在加快建设，力争早出苗，多出苗，出好苗。

三、加快良种发展的思路和关键措施

发展无性系良种的思路是：以名优茶生产带动良种化，以良种化促进名优茶生产；以产业化带动良种化，以良种化促进产业化；依靠科技，加快繁育，合理布局，优化结构，发挥特色，良种良法，稳步发展，提高茶园的整体素质和效益。主要举措是：

（一）加强领导，加大资金投入

发展茶树良种，是茶叶生产的一项基本建设和重大工程，各级政府和相关部门应加强领导，制定强有力的扶持政策，特别是资金扶持。目前，影响无性系良种推广进程的主要原因是缺少资金投入。四川茶区，尤其是贫困山区的特点是老茶园面积大、经济基础薄弱，虽然广大茶农通过名茶开发生产切身体会到良种的重要性，对引进无性系良种发展新茶园或换种改植老茶园的积极性不断提高，但由于无性系良种建园及苗期管理的投入较大，而政府投向茶叶生产扶持良种基地建设的资金不足，因此仅有少数经营效益高的集体茶场和经济条件较好的农户陆续发展了一些良种茶园，大多数茶农则有心无力。应采取政府扶持、多方筹资的办法加大资金投入，对发展无性良种园的茶场和茶农要继续给予适当补贴、低息或无息贷款。另外，对集中成片的良种基地可采取股份制的形式，以企业为龙头吸收农户参加，政府、企业、农户三方出资建设，实行产、供、销一体化经营，以产业化带动良种化。各茶叶生产单位和农户在发展良种的同时，通过名优茶生产来提高经济效益，自身增加推广良种的投入。有条件的地方，应抓住西部开发的机遇，积极引进资金，千方百计争取各方支持，以加快良种推广进程。

（二）搞好示范，增强良种意识

对推广无性系良种的典型经验，应反复进行宣传。各产区都要抓一两个种植无性系良种较多的茶场作试点，先走一步，搞好样板。让试点既起典型示范作用，又作为技术培训现场。通过组织参观、开现场会、观摩会等形式，让茶农到实地去看、去比、去议，以此来引起茶农对良种的注意和兴趣，激发茶农推广良种和改造老茶园、更换老品种的积极性，并使茶农看有模样，学有榜样，赶有对象，真正起到以点带面的效果。

（三）加快早生优质绿茶品种的选繁

目前，四川繁育推广的良种，既早生又优质，且抗性强的品种并不多。为此，适应市场需求加快本省早生优质绿茶品种的选繁工作，是提高四川名优茶市场占有率，推进茶业产业化的一项重要课题。此外，为加快品种结构的调整和品种转换速度，应适当引进省外良种，从中筛选出适宜四川生态条件和生产茶类的早生优良良种作为后备品种或调剂品种。早在2008年，名山良种场就从浙江引进了十多个优质绿茶良种。

发展良种茶园，主要靠省内自繁自用，不能盲目地从省外大调大运。为了扩大本省无性系良种茶苗的繁育量，满足生产单位和农户的需要，良种繁殖单位应加强市场调查和预测工作，充分了解各茶区的年度新茶园发展计划和改植换种计划，并在农业部门牵头的情况下进行统筹规划，确定四川重点推广的良种及各产茶县每年的需苗数量，并根据订购合同任务来确定繁殖面积，实行“以销定产”，减少繁育的盲目性，力争做到茶苗年度总供需平衡。此外，良种繁殖单位还需加大科技投入，不断了解国内外育苗科技，及时引进和推广先进繁殖技术和繁殖途径，以便早出苗、多出苗、出好苗，同时降低育苗成本。

（四）注意良种的适应性和适制性，合理搭配

品种选择是推广良种时最重要最基础的工作。任何一个茶树良种，都是在一定的自然环境中和栽培条件下形成的，都有自己的区域适应性和制茶适制性。一个好的品种推广到适宜地区种植，其经济效益可以成倍提高，但由于盲目引种而造成经济损失的事，也时有发生。因此，在选择品种时，首先必须弄清楚不同品种的生态特性，做到适种适植。如：四川海拔超过 1000 米的茶区，应选择抗寒性强的蒙山系列、福鼎大白茶、名山 131 等良种，切忌追风赶潮，片面追求早生而忽视品种的抗寒性，以保证良种能安全越冬。

由于不同品种的外部形态特征及内在生化成分的含量和组成比例的不同，每个品种都有其相应的适制性。各茶区应根据生产茶类和良种的适制性来选择良种。如生产名茶，宜选用发芽早、芽毫显露或香气高爽的良种。

各茶区和茶叶生产单位在大面积推广良种时，还要注意品种的合理搭配。应按发芽期早、中、晚搭配，以错开采摘期，调节采制矛盾，并按制茶品种的不同特色搭配，即：红、绿茶品种，不同品质特征品种合理搭配，以起到产品原料搭配和品质相互补充的作用，并进行多茶类生产。品种搭配的比例，随各地气候、土壤和茶类特点而不同，主栽品种（当家品种）应占 50% ~ 70%，其他品种 2 ~ 4 个，占 30% ~50%，同时以早生种、中生种为主体，一般早生种：中生种：晚生种 = 2：3：1或4：3：3。

（五）良种与良法相结合

仅有良种还不够，还需要采用与该良种相适应的配套栽培技术和精细的采制技术，做到良种和良法相结合，才能充分发挥良种的高产优质的潜力。如种植蒙山11号良种，针对该良种发芽特早、发芽密度大和芽叶纤细的特点，应加强水肥供应，早施多施催芽肥，才能满足春茶生产的需要。

根据各地经验和试验研究，良种栽培应采取以下关键技术：

（1）适当密植，施足基肥：即按大行距1.3～1.5米、小行距0.33～0.45米、穴距0.2～0.33米的规格，双行双株，每亩定植5000～8000株。开种植沟深0.5米，宽0.6～0.7米，分2～3层施足底肥。移植茶苗时，要适当深栽，浇足定根水。

（2）增施肥料，提前定剪：栽后第一年每亩施氮5～7千克，结合浇1：4的粪水2～3次，第二年每亩施氮8～10千克，第三年以后每亩施氮15～20千克。移栽时即进行第一次定剪，栽后每年进行1～2次定剪，力争在栽后两年内完成三次定型修剪。

（3）开发创制名优茶：根据良种的芽叶特性和适制性采制名茶，并逐步开发系列产品。

（4）采叶留穗，一园两用：即春季采制名茶，春茶后期或夏秋开始留养插穗，秋季扦插繁殖良种茶苗，以增加收益。

（六）开展社会化服务，促进良种的推广应用

良种的推广应用需要茶叶生产部门积极做好系列服

务工作。服务工作的内容有：具体负责繁育推广良种计划的制订和落实、实施；帮助做好良种的选择、种苗的采购和调剂使用工作；抓试点，以点带面来促进良种园发展；组织技术人员下乡巡回检查指导，及时帮助解决生产中存在的问题，抓跟踪服务；对推广面积较大的生产单位，注意抓好良种良法的栽培与加工，以发挥良种潜力，获得高产优质。

良种繁育单位要搞好茶苗销售的配套服务工作。应将无性系良种苗的特点、贮运保护技术及移栽技术写成技术材料免费发给用户，适时引导参观先进栽培方法；必要时派技术人员跟踪进行指导。

四、适宜四川茶区推广的名优绿茶品种和红茶品种

（一）名山131

无性繁殖系，为省级良种。属灌木型、中叶类、早芽种。树姿开张，分枝角度大。五龄茶采一芽一叶和一芽二叶，亩产92.1千克；芽叶绿色毫较多，发芽早。春茶一芽二叶含茶多酚18.7%，氨基酸5.1%，咖啡碱3.2%，成茶条索紧结，粟香高长，汤色黄绿明亮，滋味鲜爽。抗寒性较强。

（二）福鼎大白茶

无性繁殖系，为国家级良种，属小乔木型、中叶类、早芽种。分枝较密，春茶3月中旬萌发，4月上旬为一芽三叶盛期。芽叶绿色多茸毛，适制毫形类高档名茶，成品茶色泽绿翠，芽毫显著，粟香味鲜。春茶一芽二叶含咖啡碱4.4%，氨基酸4.3%，茶多酚16.2%。

生长期长，育芽力和适应性强，单产高，可作为主栽品种推广。

（三）福云6号

无性繁殖系，为国家级良种。属小乔木型、大叶类、特早芽种。分枝较密，芽叶色泽淡绿少光泽，多白毫。发芽特早，春茶3月上旬可达一芽一叶，3月下旬一芽三叶盛期。适制“毛峰”、“银针”等名茶，成品茶条索细秀显毫，香气清爽，滋味较平和。持嫩性较差，需及时采摘。抗寒性弱，应种植在海拔高度800米以下的茶区。

（四）蒙山11号

无性繁殖系，为省级良种。属灌木型、中叶类、特早生种。树姿半直立，叶片绿色，叶身稍内折。芽叶纤细、黄绿色。发芽特早，比福鼎大白茶早8～10天，2月底、3月初即可采制名茶。春茶鲜叶含氨基酸3.28%，茶多酚33.36%，咖啡碱4.4%。适制名优绿茶，成茶色泽绿润，有粟香，味醇厚。抗寒性及抗半跗线螨较强，适宜在四川中、高海拔名优绿茶区推广。

（五）福选9号

无性繁殖系，为省级良种。属小乔木型、中叶类、特早芽种。分枝较密，春茶3月上旬萌发，3月下旬一芽三叶盛期。芽叶肥壮多茸毛，育芽力强。适制绿茶和显毫形名茶，但品质不突出。产量高，抗逆性一般。宜作为搭配品种种植。

（六）蒙山16

无性繁殖系，为省级良种。属灌木型、中叶类、早生种。植株半开张，分枝尚密。叶色绿，叶身稍内折。芽叶黄绿色，采期比福鼎大白茶早1~2天，产量较高。春茶鲜叶含氨基酸4.17%，茶多酚26.24%。适制绿茶，色绿润，粟香持久，滋味醇爽。抗寒性及抗半跗线螨强。

（七）梅占

无性繁殖系，小乔木型、中叶类、中生种。树姿直立，分枝较稀，节间特长。叶色深绿，叶肉厚、较脆，芽叶肥壮，茸毛尚多，育芽能力强。春茶鲜叶含氨基酸3.6%，茶多酚27.5%，适制红、绿茶和乌龙茶，具有兰花香，滋味醇厚。栽种时宜适当缩小行距，加强定剪，扩大树冠。该品种可作为品质调剂品种在四川茶区种植。

（八）乌牛早

无性繁殖系，属灌木型、中叶类、特早生种。原产浙江省永嘉县。四川有少量引种。叶绿色、有光泽，椭圆或卵圆形，茸毛中等，叶面微隆起。芽叶尚壮，发芽特早，育芽力和持嫩性强。抗生强、单产高，春茶鲜叶含氨基酸约4.2%，茶多酚17.6%。适制绿茶和扁形名茶，品质良好。可在四川绿茶区作搭配品种种植。

（九）龙井长叶

无性繁殖系，属灌木型、中叶类、早生种，由中国茶科所（杭州）选育。树姿较直立，分枝较密；叶绿色，长椭圆形。芽叶黄绿色，茸毛较少，新梢持嫩性强，春茶萌芽早。春茶鲜叶含氨基酸4.1%，茶多酚18.6%。单产高，适制扁形名茶和绿茶，香高味醇，品质优良，抗寒性强。可在四川绿茶区作搭配品种种植。

（十）早白尖5号

无性繁殖系，为国家级良种。属灌木型、中叶类、早生种。树姿开张，分枝密。节间短，叶片深绿色，叶质较软。发芽早，春芽2月底或3月初萌发，3月20日左右采摘一芽二、三叶。芽叶浅绿含酚25.05%，咖啡碱3.41%。适制红、绿茶，制“川红功夫”，外形秀丽，嫩毫显露，汤色红艳，香气清爽；制绿茶品质亦优良，应及时采摘。

（十一）蜀永2号

无性繁殖系，属小乔木型、大叶类、中生种。由四川省茶研所选育而成。植株分枝部位较高，树姿较直立，分枝密度中等。叶椭圆形、绿色、有光泽，叶面隆起，叶质较软。春芽在3月下旬萌发。芽叶黄绿色、肥壮，持嫩性强。春茶鲜叶含茶多酚33.57%，咖啡碱3.77%，适制红茶、红碎茶，香气浓而持久，滋味浓醇而爽，汤色红艳明亮，品质优良。抗寒性弱，适宜在四川红茶区推广。

第二节　茶树短穗扦插育苗新技术

茶树短穗扦插育苗是利用黑色地膜覆盖土壤和黑色遮阳网遮荫的一项先进实用技术。可以达到常规短穗扦插育苗的相同效果，甚至更好，同时简化了育苗手续，管理方便，省工，大幅度降低了成本，有利于茶树良种推广，目前在四川茶区较为广泛地推广和应用。现就此技术的特点和使用管理方法介绍如下：

一、技术特点

（一）改善土壤水热条件，促进茶苗生长发育

采用黑色地膜覆盖土壤、遮阳网遮荫后，土壤保水性强，含水量一直保持比较稳定，浇水量和浇水次数大为减少。试验表明，在扦插后整整8个月时间内，不浇一次水，土壤含水量一直稳定在45%左右，而露地苗床每天（无雨）必须浇水1~2次，土壤含水量才能保持在30%左右。

黑色地膜覆盖、遮阳网遮荫后，地表温度和棚内湿度提高，利于茶苗的生长发育。试验结果表明，地表温度上升3℃~5℃，棚内湿度提高3%~5%。

（二）提高苗木质量和出圃率

由于水热条件适宜，给茶苗生长创造了一个良好的生态环境，促进愈伤组织的形成和提早发根，扦插成活率提高95%以上，茶苗出圃率达90%以上，茶苗高度和着叶数比露地育苗明显增加，茶苗质量显著提高。

（三）抑制杂草生长

由于黑色地膜覆盖后，透光率只有5%左右，基本上可杀灭地膜下的全部杂草，不必除草，节约了大量人工，避免了因除草松动茶苗，甚至将苗带出土面，影响茶苗的存活率的弊病。

（四）管理简便，成本下降

黑色地膜覆盖土壤，黑色遮阳网遮荫育苗，省去了

铺心土、浇水、除草用工，每亩只需增加黑地膜7.5千克，可节约费用800元。遮阳网遮荫的费用仅及竹帘遮荫费用的45%，每亩可节约费用200元，共计可节约生产投入近1000元，每株茶苗即可降低成本0.5~1分钱，达到了既提高育苗质量又大幅度降低育苗成本的效果。

二、育苗方法

（一）施肥整地做畦

选择育苗土壤为pH值为4.5~5.5，腐殖质含量少，不粘的生荒地或耕地。铲除地表杂草，在畦面每亩撒施发酵饼肥200千克和过磷酸钙25千克，再翻土覆盖肥料，翻土深度为8~10厘米，要求将表土翻到下面，底土翻到上面，然后碎土、平整畦面为稍成弧形，将畦面用木板稍压实，要求畦面土平整而细碎。

（二）覆膜扦插

在平整好的畦面上充分洒水，待水分下渗后，立即覆盖黑色地膜，膜面紧贴畦面土，四周用土压实。然后在膜面上按扦插行距拉直白线，用一直径稍小于插穗直径的木棍，顺着白线按一定株距凿破黑地膜，扦插时要防止黑地膜碎片贴在插穗切口上，影响插穗水分吸收。每扦插一行，要把插穗两旁的泥土适当压实。

（三）覆盖遮阳网

覆盖黑地膜后，在扦插前将遮阳网架搭好，架高30厘米，中间稍高，由于遮阳网较轻，搭架木桩可以较短而细，距离不需很密，搭架的竹竿可用细铁丝代替，边扦插边覆盖遮阳网，遮阳网四边垂挂到地，用土块压实。

（四）苗期管理

扦插后不用每天揭网，也不必每天浇水，如气温太高，连续几天烈日，空气相对湿度较低时，可洒水1次，洒水时不用揭网，可直接从网上淋下。等茶苗全部发根后的次年3月，选一阴雨天揭除遮阳网，遮阳网收起后可再用数年。于次年3月底、4月中旬、5月上旬用0.3%尿素加0.5%磷酸二氢钾各施一次根外追肥。根外追肥可结合防治病虫进行。5月底，茶苗生长旺盛，已形成群体优势能有效地抑制杂草生长，这时可划破覆盖的黑地膜或去掉黑地膜，再施一次清粪水加尿素肥料，夏季不必施追肥，于立秋前后，再施一次追肥即可。

此方法育苗最适宜于秋插育苗，春插和夏插也可进行，但效果不如秋插好。扦插时，如能用ABT生根粉（50～100毫克/千克）处理扦插穗条切口，效果更好。

第三节 茶树优质丰产栽培技术

一、茶园种植技术

（一）选好宜茶地

选好宜茶地应从气候、土壤和地形地势三个方面来综合考虑：

1. 气候条件

年均温大于13℃，年降雨量大于1000毫米，茶树生长季节月降雨量在100毫米以上。

2. 土壤

酸性土壤（pH值为14.0~6.5），土层深厚（50厘米以上）肥沃，土质以壤土为宜。

3. 地形地势

坡地坡度25度以下，15~25度的坡地，应开成水平梯级茶园；海拔高度不宜超过1200米。

（二）合理密植

1. 单行条栽

行距150厘米，株距33厘米，每穴种3株，每亩茶园1333丛，需茶苗4000株左右。

2. 双行条栽

大行距150厘米，小行距33~45厘米，株距20~33厘米，每穴栽2株，每亩栽6000~8000株；大行距150厘米，小行距45厘米，株距17厘米（15寸），每穴种1株，每亩栽6000株。

（三）深垦施足底肥

1. 划线定行挖种植沟

种植沟深50~60厘米，宽60~70厘米；老茶园换种改植时，应先挖除老茶树，再在老茶园的行间挖种植沟。

2. 施底肥

每亩施农家肥1500~2500千克，或油枯200~300千克，磷肥50~100千克，肥与土混匀后，再盖土至高于地面5~10厘米。

（四）茶苗移栽

1. 土地准备

首先浅锄，扒细种植沟土壤，然后拉行绳，按大小行距施线开沟，沟深 10 厘米左右。

2. 移栽时间

晚秋（9～10 月中旬）或早春。

3. 移栽要领

移栽时，注意根系舒展，逐步加土，层层踩紧踏实。埋土过半，浇一次定根水，待水分下渗后継续加土，直至与泥门相平（以原插穗顶端上的短茎刚好埋入土中为宜），不宜过深或过浅。

（五）幼苗期的管理

1. 抗旱、防冻保苗

茶苗移栽后，要保持茶园土壤湿润，一周内无雨，要及时浇水以抗旱保苗。最好在茶苗两旁各 30 厘米左右，盖草 10 厘米厚，上压碎土，这样既保水分及防冻，还可防止杂草生长。茶园行间，可适当间作花生、豆类、草莓等短秆作物，并与茶苗保持 30 厘米的距离，避免对茶苗造成损害。此外，增施基肥、培地壅根、茶园灌水等，对预防冻害也有很好的效果。

2. 间苗补苗

新建茶园，一般均有不同程度的缺株，必须抓紧时间在建园 1～2 年内将缺苗补齐，最好采用同龄的茶苗补，补植后要浇透水。

3. 浅耕施肥

新建茶园，行间空隙大，易滋生杂草，妨碍茶树生长，必须经常浅耕除草。茶丛周围的杂草要用手拔，避免损伤根。从栽后第一年的4月下旬开始，年施追肥2~3次。第一次在距茶苗13~15厘米远的上方，挖7~10厘米深的穴，浇上半瓢清粪水（50升水加3~4瓢猪粪尿或250~300克硫酸铵），随即覆盖。以后每次每亩可施纯氮1~2千克，或尿素2.5~5千克。

4. 把好定型修剪关

（1）第一次定型修剪　当茶苗75%~80%长到30厘米以上时，即可进行第一次定型修剪，修剪高度以离地面15~20厘米为宜。用整枝剪逐株依次修剪，只剪主枝，不剪侧枝；剪时尽量保留外侧的腋芽，使发出的新枝向四周伸展。剪口要光滑，切忌剪裂。

（2）第二次定型修剪　一般在上次修剪后一年进行。修剪高度可在上次剪口上提高15~20厘米（离地面30~40厘米）。如果茶苗生长旺盛，只要苗高达到修剪标准，即可提前进行。用水平剪按修剪高度剪平，然后用整枝剪修去过长的茬头。

（3）第三次定型修剪　一般在第二次定型修剪一年后进行，修剪高度在上次剪口上提高10~15厘米（离地40~50厘米），用水平剪将篷面剪平即可。

幼年茶树经二次定型修剪后，若生长良好，可打顶轻采（留下三四片叶采）。待茶树高度达60厘米以上，树幅达80厘米左右，树冠基本定型后，可适当留叶采摘；直到树高70厘米以上，树幅120厘米时，即进入旺采期。

二、投产茶园的管理技术

（一）茶园施肥技术

1. 基肥及其施用

每年茶树地上部分停止生长后所施的肥料称为茶园基肥。茶园基肥主要保证茶树入冬以后根系活动所需营养，同时为翌年春茶的萌发提供养分。一般在 9 ~ 11 月结合深耕施入，名优茶生产园应适当早施。基肥用量：幼龄茶园每年平均亩施有机肥 750 千克以上，有条件的单位还要增加 50 ~ 100 千克饼肥，25 千克过磷酸钙和 15 千克硫酸钾。投产茶园，每年平均亩施有机肥 1500 ~ 2500 千克，或饼肥 100 ~ 150 千克，过磷酸钙 25 ~ 50 千克，硫酸钾 15 ~ 25 千克。基肥要深施，成龄茶园，通常在茶丛边缘垂直向下位置开施肥沟，也可隔行开沟，每年更换位置，沟深 20 ~ 30 厘米；幼龄茶园按苗穴施，施肥穴距离根颈：一二年生茶树为 5 ~ 10 厘米，三四年生茶树为 10 ~ 15 厘米，深度 15 ~ 25 厘米。

2. 追肥及其施用

茶树地上部分处于生长时期所施的肥料，统称为茶园追肥。茶园追肥的作用主要是不断补充茶树生长发育过程中对养分的需要，以进一步促进新梢生长，达到持续高产的目的。

（1）次数和时期　一般每年进行 3 ~ 4 次。早春应施催芽肥，施用时期以越冬芽鳞片初展期最为适当（2 月中旬左右）；春茶和夏茶结束后，应分别进行第二、三次追肥。气温高、雨水多，茶树生长期长的地方，可进行第四次追肥。

（2）用量与分配比例　不同树龄，不同生产能力的茶园，每年亩施氮肥数量如表：

茶园氮肥追肥用量参考表

幼龄茶园		采摘茶园			
树　龄（年）	施纯氮（千克/亩）	干茶产量（千克/亩）	施纯氮（千克/亩）	干茶产量（千克/亩）	施纯氮（千克/亩）
1～2	2.5～5	25～50	7.5	150～200	15～20
3～4	5～7.5	50～100	7.5～10	200 以上	20 以上
5～6	7.5～10	100～150	10～15		

由于春茶长势旺，产量比重高，催芽肥显得特别重要。春夏秋三次追肥的比例一般按 4：3：3 或 2：1：1 的方式分配；只采春夏茶，不采秋茶的茶区，可按 7：3 的比例分配。

3．追肥方法

施肥部位同基肥。施肥深度：易挥发的碳酸氢铵等化肥要适当深施，一般为 10～15 厘米，并随即覆土盖实。硫酸铵等不易挥发易流失的化肥要浅施，一般 3～5 厘米即可。

4．根外追肥

茶树叶面施肥不受土壤冲刷、淋溶、生物固定等因素的影响，肥料利用经济，吸收快，效果好。同时还可与治虫、人工灌溉等措施相结合。根外追肥应考虑配施微量元素，喷施浓度要适宜。一般浓度为硫酸铵 1%～2%，尿素 0.5%～1%，过磷酸钙 1%～2%，硫酸钾 0.5%～1%，硫酸锌 50 毫克/千克、硫酸锰 0.01%；以一芽一叶开展时喷施效果最好，每次每亩施肥液 50～100 千克。喷施时要叶片正反面同时喷匀，特别是要注意背面的喷施，一般背面吸收能力较正面高5倍以上。

（二）茶园土壤耕锄技术

1. 浅耕

茶园浅耕一般指不超过15厘米的行间浅锄，其主要作用是破除土壤板结层，改善土壤通气透水状况，消除茶园杂草。一般一年需进行3～5次（多结合追肥进行），其中必不可少的有3次。第一次浅耕在春茶前（2月中旬左右）进行，深度10～15厘米；第二次浅耕在春茶结束后（5月中旬左右）进行，深度10厘米左右；第三次浅耕在夏茶结束后（6月下旬至7月上旬）进行，深度7～8厘米。

2. 深耕

耕锄深度超过20厘米以上的一般统称为深耕。其主要作用是改良和熟化土壤，一般在9～11月结合施基肥进行。种植前经过深垦的幼龄茶园，一般只在施基肥时结合深挖施肥沟进行行间深耕。基肥沟深20～30厘米。种茶后第一年基肥沟要离茶树20～30厘米的行间深耕，以后随茶树长大，距离也应逐渐加大。成龄茶园的深耕，也常与施用基肥相结合进行。基肥沟的深度和宽度即为行间深耕的范围，在基肥沟两侧行间只浅耕松土。衰老茶园的耕作深度应增加到30～50厘米，宽度50厘米左右，以促进衰老茶树更新复壮。

3. 化学除草

四川茶区以20%的克芜踪和10%的草甘膦作除草剂为佳，低、中海拔茶园克芜踪100毫升/亩（兑水50千克）、草甘膦500毫升/亩是最经济有效的用量；高海拔茶园，克芜踪、草甘膦分别以120毫升/亩和600毫升/亩为最佳用药量。两种药剂的施药时期都以杂草旺发时施药效果最好。四川茶区通常年施药两次，即6月和8月各用药一次，既经济又能有效控制杂草危害。

（三）茶园修剪技术

1．轻修剪

一般每年在树冠采摘面上进行一次轻度修剪，每次在上次剪口上提高3～5厘米。如果树冠整齐，长势旺盛，可以隔年修剪一次。目的是使树冠采摘面保持整齐强壮的发芽基础，促进营养生长，减少开花结果。四川茶区一般在秋茶停止后进行轻剪，名优茶生产园也可改在春茶结束后进行。修剪宜轻不宜重，一般只剪去当年秋梢和小部分夏梢，保留大部分夏梢和全部春梢。茶树高度应控制在60～90厘米之间。

2．深修剪

茶树经过多年采摘和轻修剪，树冠发生许多浓密细小分枝，俗称“鸡爪枝”。这种小枝的结节增多，阻碍养分的输送，发出的芽叶瘦小，对夹叶多，降低产量和品质。所以，每隔5年左右须进行一次深修剪，剪去树冠上部10～15厘米深的一层鸡爪枝，可使树势恢复健壮。深修剪一般安排在春茶后或秋茶结束后进行。剪后须留养一季夏茶或春茶，才可采茶。

3．重修剪

适用于半衰老或未老先衰的茶树，这种茶树一般树冠矮小，分枝稀疏，采摘面零乱，树势衰弱，鸡爪枝多，芽叶瘦小稀少，对夹叶多，产量明显下降，但其多数主枝尚有一定的生产能力。对这类茶树，可用重修剪更新复壮。重修剪高度，一般是剪去树冠的1/3~1/2，以剪口离地30~45厘米为宜。树形较高，枝条不太衰老的，剪口离地可高些，树形较矮，枝条较衰老的，剪口低一些，在同一块茶园中修剪高度就低不就高，使剪后同片高度大体一致，对茶丛中的细弱枝、病虫枝等非生产枝应彻底清除。

重修剪时期，一般在春茶前或春茶后进行，剪后当年萌发的新梢不采摘，在11月份从重修剪剪口上提高7~10厘米轻修剪。重修剪后第二年起可适当留叶采摘，并在秋茶末再进行轻修剪（上次剪口上提高7~10厘米）。待树高70厘米以上时，可正式投产。

4. 台刈

树势已十分衰老的茶树，枝干枯秃，叶片稀少，多数枝条丧失育芽能力，产量很低，有的枝条上布满苔藓、地衣，根系也已枯老，即使增施肥料，也很难提高产量。对这类衰老茶树，从根颈处剪去全部枝条，实行台刈更新，促使抽出新枝，形成新的树冠。台刈高度一般以离地5~10厘米为宜。

台刈可在早春、春茶后或秋季进行。台刈后发出的新枝，在一年生长结束后离地40厘米左右进行修剪，剪后2~3年内逐步在上次剪口上提高5~10厘米修剪，待长到70厘米以上时，每年按轻修剪的高度标准进行修剪。台刈后的一年生枝条不要采摘，第二年采高留低，打顶养篷，第三年开始适当留叶采摘。

（四）茶叶采摘技术

1．按标准采

采名茶原料，一般是采摘一芽一叶或一芽二叶初展的芽叶，有的甚至只采一个茶芽。制大宗红绿茶，一般以采摘一芽二叶为主，兼采一芽三叶和同等嫩度的对夹叶。应严格按标准采茶，不能大小老嫩一齐采，更不能把芽叶养大后采“齐大茶”，以保证采下的芽叶嫩度、匀度一致。

2．及时分批采

在手工采茶的情况下，一般大宗红绿茶，当春茶新梢在树冠面上有10%～15%达到采摘标准，夏秋茶有10%达到采摘标准时，就要开采。至于采摘细嫩的名茶，一般有5%达到采摘标准时，就要开采。春茶的采摘周期以4～6天为宜，夏秋茶以6～8天为宜，如采名茶或高档优质红绿茶，一般应缩短到每隔2～3天采一次。

3．留叶采

采摘时不能一把抓光采摘芽叶，必须留适量新叶。留叶数量以叶面积指数达到3～4（衰老茶树2～3为宜），但叶面积指数测定方法比较麻烦，在生产实践上往往掌握以茶树“不露骨”为留叶适度，即以树冠叶子相互密接见不到枝干外露为宜。留叶方法有分批留与集中留两种。生产上多采用集中留叶，一般在夏茶或秋茶后期集中留养一批叶片，这种方法简单易行。

4．茶叶机采技术

机采是近年茶叶生产上广泛推广的一项低成本、高效益的实用技术。实践证明，机械采茶和手工采茶相比，可以提高功效10倍以上，节约采茶成本30%以上。并且机采鲜叶的质量明显优于当前粗放手工采茶质量。

(1) 机采茶园的栽培管理　国内外目前推广使用的采茶机均利用切割原理，要求树冠平整，发芽能力强，芽叶粗壮整齐一致。园地宜选坡度在10度以下的平地、缓坡地或梯面宽度大于2米的梯地，茶树行距1.5~1.8米，树冠高度控制在70~90厘米之间，冠面具有弧形或水平形的规范化形状。茶树品种应再生力强，发芽整齐，芽叶粗壮，耐剪耐采。

目前，四川种植面积最大的川茶群体和茶园，由于混杂程度高，新梢萌发很不整齐。要实行机采，首先应培育机采树冠，并增肥改土。培育机采树冠的方法为：对树龄较大或长势较差的茶树，在春茶后对茶树进行重修剪（离地50厘米左右）。重剪当年，夏留2叶，秋留1叶手工采摘；茶季结束后，在重剪剪口的基础上提高10厘米剪平树冠，翌年即可投入机采。对树龄小于15年的茶园，一般只需要进行深修剪后就可改为机采。机采茶园需年年轻修剪，时间是秋茶末或早春适量采制名优茶后，深度5厘米左右；每次机采后的7~10天内，应进行一次掸剪（剪去采摘面上突出的枝叶，深度为1厘米左右）。除进行轻修剪和掸剪外，机采园一般3~5年进行一次深修剪，10~15年进行一次重修剪。机采茶园全年采摘批次少，但采摘强度大，芽叶损伤多，加之采摘期集中，养分消耗大，应有充足的肥料保证树冠营养，生产上在每采摘100千克鲜叶施4~5千克纯氮的基础上，再施足量的基肥。连续多年机采会使茶树叶层变薄，所以机采茶园应合理留养。留养的方法，一是秋茶期间，在上季采桩上提高 3～5 厘米，二是适当留养秋梢。

（2）茶叶机采技术　机采茶园适期采摘是取得优质高产的关键。春茶早期应手工采制适量名优茶鲜叶，当有 70% 左右的新梢达到红、绿茶采摘标准时就机采，夏秋茶有 60% 新梢符合标准时机采。中小叶种茶区一般一年采摘 4～6 次，大叶种茶区一年采摘 6～7 次。春茶采摘周期 12～24 天，夏秋茶为 20～30 天。一台双人采茶机可负担 70 亩左右茶园的采摘任务，其工效指标为 1～1.5 亩/台时（150～200 千克鲜叶），一台双人修剪机可负担 80～100 亩的茶园修剪任务，工效指标为 1.5～2 亩/台时，采茶机和修剪机的配置比例大约为1.5：1较为合适。坡地茶园，应选单人采茶机和修剪机，一般一台单人采茶机可负担 18～20 亩茶园的采摘任务，工效指标为0.4～0.5 亩/小时，一台单人修剪机可负担40 亩茶园的修剪任务。

双人机采跨行作业，成年茶园来回一次可完成一行茶树的采茶、修剪作业，先采剪主机手一侧的半边茶树，注意尽量减少树冠中心部重复采摘，幼年茶树一次即可完成。机器工作时应与茶篷成一似斜角，双人修剪机为 30 度，双人采茶机为 15～20 度。行走时主机手后退，副机手前进，机手必须配合协调，步调一致，保持机器平稳，避免忽高忽低，忽快忽慢。机手行走速度以 0.5 米/秒为宜。采茶机刀片运转速度（往复频率）为 1000～1250 次/分，汽油机应中速（4000～5000 转/秒）

运行，油门开度应掌握在 0. 85 左右，二冲程小型汽油机使用燃料是汽油和机油的混合油，其配比 20 小时以内 15∶ 1（容积比），20 小时以后 20∶ 1。采茶机上下两刀片的间隙不应大于 0. 2 ~0. 3 毫米，间隙过大将妨碍切割质量。

第三章 加 工

第一节 名优茶机制工艺技术

一、发展机制名优茶是我国茶叶发展的一大趋势

（一）发展机制名优茶是茶叶科技进步的要求

机制名优茶技术是一项高新技术，它具有很强的技术性和先进的生产水平，可降耗节能、提质增效，它的发展符合我国现代农业发展的两个根本性转变。

（二）发展机制名优茶是茶叶市场发展的要求

名优茶以其独特的文化内涵及多种营养保健功能，深受广大消费者的喜爱。随着社会经济的发展和人们生活水平的不断提高，市场对名优茶的需求日趋增加。据农业部统计的资料，1997 年全国名优茶产销量达到 13.5 万吨，产值 54 亿元，分别比 1990 年增长了 4.4 倍和 7 倍。因此，发展机制名优茶能满足消费者对名优茶日益增长之需求。

（三）发展机制名优茶是茶业产业化发展的要求

名优茶质虽好，但如果数量小，质量不稳定，就不能上规范、上效益。要解决这一问题，就必须发展机制名优茶。机制名优茶搞上去了，名优茶就能上档次、上规模、

上效益，从而为茶业产业化发展奠定坚实的基础。

（四）发展机制名优茶是缓解当前农村劳动力日趋紧张的要求

随着社会和市场经济的发展，农村劳动力不断转移或外出务工，由此造成当地茶叶生产和加工劳力十分短缺，工资不断上涨。如果仍采用手工加工名优茶，势必会导致生产成本不断提高，产品质量难以保证、劳动强度大等诸多问题，而发展机制名优茶，却最有效地解决了这些矛盾。

二、机制名优茶的优势和好处

（一）有利于提高茶叶品质

名优茶机制只要机械性能良好，选型配套合理，技术掌握适当，就能克服手工制茶的某些缺点（如焦边爆点、匀度差、品质不稳定等），尤其以机制为主，手工相辅生产更有利于提高茶叶品质。如机制“开化龙顶”名茶具有“茶条翠绿、汤色碧绿、叶底嫩绿”的“三绿”特色，且鲜爽度、滋味、香气均有提高（见表2）。

表2　春茶的品质对比

加工方式	外形	香气	汤色	滋味	叶底
机制	条索紧直有锋苗，茸毫银白，色泽翠绿	尚高，纯正，尚持久	绿明	尚鲜爽	绿明成朵，无焦点

加工方式	外形	香气	汤色	滋味	叶底
手制	细紧略弯，稍有扁条，茸毫灰白，色泽深绿	尚高，尚持久，略有粟香	尚绿明	尚鲜醇	沿绿时成朵，略有焦点

（二）有利于节能和降低成本

据测算，机制名优茶可节约燃料费 76% 左右（条形茶），降低制茶成本 60% 以上，节省加工成本 14 元/千克左右（扁茶），机制碧螺春可降低生产成本 47.8%。总之，机制比手工制平均节约成本 59.5%。

（三）可提高工效和降低劳动强度

一般机制名优茶比手工制作可提高工效 542.9%（即 4 倍以上）。如机制开化龙顶茶的工效为：春茶为 1.00～1.25 千克/人·时，秋茶为 1.25～1.50 千克/人·时；手制仅为 0.2 千克/人·时，工效提高 5～6 倍。此外，还大大减轻了劳动强度。

（四）可提高经济效益

从浙江一带机制名优茶与大宗茶调查结果比较，以每 50 千克均价计，名优茶的产值、利税分别为 5571.56 元、2349.30 元；大宗茶分别为 275.38 元、110.95 元。据统计分析，在保证质量的前提下，机制浙江龙井和毛峰茶分别比手工制作提高工效 5 倍和 7.5 倍，降低加工成本 61% 和 50%，每千克直接增收 13.4 元和 8.0 元。可见，机制名优茶的经济效益十分明显。

三、决定机制名优茶质量好坏的三个因素

（一）优质的鲜叶原料。它是机制名优茶的基础。

（二）优良的制茶机械。它是保证机制名优茶品质的物质条件。

（三）先进熟练的加工技术。它是提高机制名优茶品质的关键。

以上三个要求缺一不可，必须密切配合，有机地结合起来。只有这样，才能加工出品质上乘的机制名优茶。实践证明，尽管名优茶机制与手工加工的方式或手段不同，但二者加工的基本原理相同，即都要看茶做茶，都要正确而灵活地掌握加工过程中的投叶量、温度、时间、压力及再制品含水量等因素之间的相互关系。因此，名优茶的许多手工做茶经验可以直接嫁接到机制工艺上。这样会更好地发挥机制名优茶的优势。

四、名优茶生产工艺的类型

（一）按加工方式分

1．全手工工艺

加工质量较好，但劳动强度大，工效低，产量不易上规模，只适宜加工很少的高档名茶。这是因为现在已定型的高档名茶，其品质要求较高，如特级龙井茶，外形要求扁平光滑，若全程采用机械炒制很难达到品质要求（即机制：外形扁平挺直有余而尖削不足，条形长大而欠细紧，色泽深绿而欠光滑，且香气偏低，滋味一般）。又如：碧螺春茶，外形卷曲，茸毫外露，这全靠手工搓揉来实现，而现在还没有一种茶机能将大多数茸毫揉露出来。再如：全机制高档条形茶（如“开化龙顶”茶）其香气低沉，滋味欠醇，汤色显黄绿，提毫难。而机制手工相辅生产的“开化龙顶”，却香高持久，条索紧直挺秀，银绿披毫，滋味鲜醇。所以说，高档名茶还不能实现全程机械化生产。

2. 全机械工艺

工效高、产量大，总体经济效益高，但现行名优茶机械尚存在许多不适应制茶工艺要求的缺陷，只适合于有规模的中低档名优茶生产（如制高档扁形茶，往往色暗欠光滑，这个缺点，只能用手工辅助加工解决）。

3. 机制辅以手工工艺

克服了全手工工艺和全机械工艺的缺点，适宜于中、高档名优茶的批量生产，是目前大家比较推崇的工艺（如浙江机制扁茶推行“机炒为主，手工辅助；机炒做坯，手工辅光”的加工工艺），也是今后一个较长时期内名优茶发展的制作工艺。

表3　不同机制工艺流程扁茶炒制效果比较

项目 工艺 流程	扁茶外形品质		价格（元/千克）			加工成本（元/千克）	剔除成本后净值	工效（千克/人·小时）
	春茶	秋茶	春	秋	平均			
全程机制	欠绿，多暗条，扁平挺直、稍宽	尚绿，暗条，扁平挺直，稍宽	68.0	58.0	63.0	5.13	57.87	2.0
机制+手辅	尚绿，有暗条，扁平挺直	绿，稍有暗条，扁平挺直	74.0	70.0	72.0	8.13	63.87	0.83

项目 工艺 流程	扁茶外形品质		价格（元/千克）			加工成本（元/千克）	剔除成本后净值	工效（千克/人·小时）
	春茶	秋茶	春	秋	平均			
机制+手工辉干	尚绿，有暗条，扁平挺直	绿，稍有暗条，扁平挺直	70.0	68.0	69.0	8.79	60.21	0.55

注：1. 此表为孙利育1995～1996年两年实验结果

2. 机制+手辅工艺：机制八九成干，手工辅助辉干
机制+手工辉工艺：机制加工青锅，手工辉锅。

3. 三种工艺流程都经过鲜叶摊放处理和青锅叶摊凉回潮过程。

（二）按干燥方式分

1. 全炒工艺

可使干茶中的叶绿素a、b，β-胡萝卜素和叶黄素的保留量增多（即加工中损失量减少），因此，全炒的茶叶，在色泽翠绿和外形美观上较占优势。但掌握不好，也易出现汤色绿黄不亮，滋味显焦糊味或滋味偏大（尤其大叶中的名茶）。

2. 全烘工艺

外形较完整，显清香，但使绿茶的色泽偏黄且带黑绿（深绿偏暗），干茶的形状较差。

3. 半烘炒工艺

可克服全炒青和全烘青工艺之缺点，尤其“二青”以烘代炒对提高茶叶品质十分有利。据笔者试验结果表明：扁形茶采用半烘炒工艺品质好于全炒工艺和全烘工艺，它既能克服全炒工艺中炒“二青”易出现黏锅糊

叶，再制品与铁锅易发生黑变等弊病，也能克服烘青工艺外形之不足。当然，为了提高成茶之香气，半烘炒工艺应以多炒少烘为好。

生产上应根据自己名优茶品质及外形风格的要求，合理并灵活地选择和制定自己的加工工艺。

五、四川四种主要形状名优茶加工工艺及技术

几种名茶工艺流程如下：

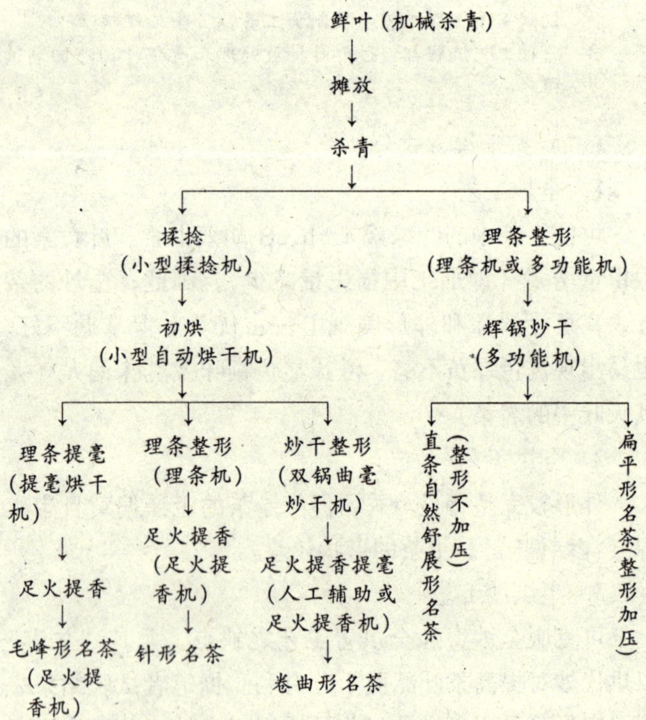

（一）毛峰形名优茶机制工艺技术

我国众多的名优茶类中，烘干型或以烘为主、烘炒结合的毛峰形茶类，所占比例最大。毛峰茶外形自然，有锋苗，完整显毫，色泽翠绿，香气清雅，叶底完整等，深受消费者喜爱。

毛峰形茶加工工艺一般是：鲜叶→摊放→杀青→揉捻→初干→理条→提毫→足干。

1. 鲜叶原料

适制品种为芽壮、叶小、多毫的中小叶茶树品种，原料标准为一芽一叶初展至一芽二叶初展鲜叶，要求不带病虫叶、鱼叶、紫芽、冻芽、单片、鳞片及其他非茶类夹杂物。

2. 鲜叶摊放

能散失鲜叶部分水分，有利于后续杀青、揉捻等工序，同时能促进其化学成分转化，有利于提高成茶香气和滋味的鲜爽度。

一般薄摊于竹簸或篾垫以及干净的水泥地面上，摊叶厚为2～4厘米，摊放4～6小时，秋茶摊放2～3小时。中低档叶摊层厚度可适当增加，摊放时间也应缩短。鲜叶摊放至含水量为70%左右时即为适度。雨水叶须先用脱水机除去表面水，然后薄摊，并用电扇吹微风，以加快水分蒸发；高山茶摊放时间适当延长一些对品质会更好。

3. 杀青

(1) 机械 30型（如6CST、6CMS等系列）滚筒连续杀青机（注：在30后加“D”的为电热源，未加“D”的为煤和其他烧燃能源）。

（2）温度　120℃（进料口一侧筒体内空气温度）或筒壁温度达到200～300℃，即手放在筒口感到灼热（温度适度以投叶后能听到杀青叶产生轻微的爆鸣声为宜）。

表4　不同杀青温度的杀青叶质量比较

温度（℃）	杀青叶品质评语	名次
110	叶色黄绿，茶梗折而易断，叶缘不皱，带青气味	3
115	叶色暗绿，茶梗折而不易断，叶缘稍皱，稍有青味	2
120	叶色深绿，茶梗折而不断，叶缘稍皱，有清香味	1
125	叶色深绿，茶梗折而易断，叶缘卷皱，稍有焦味	4

（3）时间　一般为1～1.5分钟。

（4）投叶量　台时鲜叶投叶量以25～30千克为宜。

（5）程序　杀青适度的叶子，色泽翠绿，叶质柔软，手捏成团，并有弹性，折梗不断，略有清香，无焦边、爆点，芽叶完整，杀青叶含水量为58%～60%。

（6）操作方法　先接通加热电源，同时启动电机，使筒体转动。开机空转15～30分钟进行预热，同时通过手轮丝杆调整好滚筒倾角，将杀青时间调控在适宜时间之内。待筒体内温度达到120℃左右时，用手工投叶，开始要多投些鲜叶，以免焦叶，随后均匀投叶。杀青叶要求投叶量稳定，火温均匀，以确保杀青质量一致。这样杀青时间就越短，反之则长。杀青适宜的温度下，筒体最佳倾斜度约为1.6度，此时，手轮一端离地面高8

厘米，出叶口一端离地面高4厘米（仅作参考）。

4. 摊晾 一般采用自然薄摊摊晾，但最好是用电扇快速吹冷却摊晾，以利色泽翠绿的形成。

5. 揉捻

（1）机械 25型或30型（如6CR系列等）小型揉捻机。

（2）投叶量 25型不超过2.5千克（1~2千克），30型不超过4千克。一般投叶量以自然松装装满揉桶或揉桶容积的4/5为宜。

（3）加压方法 一般采用轻揉或无压揉捻。

（4）揉捻时间 3~5分钟或6~8分钟（高档鲜叶一般无压揉5~7分钟）。

（5）程序 茶条基本形成，有少许茶汁溢出，手捏略有黏手感为度。忌茶汁过多外溢、色暗和断碎条。

（6）操作方法 投叶后先压揉3分钟，然后轻压揉2~3分钟，最后无压揉1~2分钟。揉捻时间既不能过长，也不能过短。过长，茶汁外溢过多，易使干茶色泽发暗变褐，尤其杀青后的初揉时间宜短、加压宜轻。但时间也不能过短，否则，茶条松泡，成形率低。因此，揉时要适度。对于高山茶来讲，以不揉捻（如加工自然舒展的直条形和扁形茶等）或轻揉捻以利于保证绿茶类名茶色泽翠绿多毫。

6. 毛火初干

（1）机械 微型自动烘干机（如6CH—2或3型名茶自动烘干机等）。

（2）温度 130℃~140℃。

（3）烘时 5～5.5分钟。

（4）程度 茶叶含水率降到25%～30%（炒青型毛火干一点）或35%～40%（烘青型毛火不宜过干，因后续工序还要造型、整形等），即以手握茶叶成团，松手后能散开，且无黏手感为恰到好处。下烘叶含水率过高过低均不好，过高，不仅要延长锅炒整形时间，而且易结锅巴，因而会导致成茶色泽偏深暗、欠鲜活；若过低，于造型不利，也会增加碎、焦末等。

（5）操作方法 当热风炉外壁烧至明显烫手时开动鼓风机送热风，再待烘干顶层温度达130～140℃时，手工投叶，以均匀薄摊至尚可见到少量网眼为宜。毛火应采取快速烘焙，故烘干机的转速器应调到最快速度。待烘到干度适宜后下烘摊晾。摊晾宜薄摊，切忌堆积，以免叶色闷黄。

毛火初烘工序有的生产单位舍去了，而是直接将揉捻叶进行理条整形。实践证明，舍此工序对成茶品质有利（它相当于二青以烘代炒的作用，可克服含水量较大的揉捻叶炒二青易出现黏锅和色泽黑变等弊端）。

7. 理条

（1）机械 名茶理条机（多为11槽，槽锅运动频率多为200～250次/分钟。如6CLZ－60型电热式理条机等）或名茶多用（功能）机（多为3、5槽，槽锅运动频率多为80～160次/分钟，如6CMD系列多用机等）。

（2）温度 120℃（为槽壁温度，或槽口空气温度为70℃）。

(3) 投叶量　每槽0.1~0.12 千克（中低档原料可适当少投)。

(4) 时间　4~7 分钟。

(5) 程度　炒至茶叶发出轻微“沙、沙”响声，手摸有刺感时为适度。

8. 操作方法

有理条机理条和多用机理条两种。

(1) 理条机理条　接通电源后先让理条机空运行30 分钟左右，升温后用制茶专用油均匀涂擦槽锅使其光滑，待锅温上升到120℃左右时投入初烘叶1 千克左右，让其在槽中往复滚炒。为促进茶叶色泽翠绿，最好配置一台小型风扇，不断向槽中吹微风，以加速水蒸气散发。炒至手摸有刺感时出锅摊晾。

(2) 多用机理条　将槽锅往复转动次数调至160 转/分左右，锅温在120℃左右时投入0.5 千克初烘叶，同时用小电风扇对槽锅吹微风，以加速排除水蒸气，理条时间7 分钟左右，炒至茶叶有刺手感时出锅摊晾。

二者比较：使用理条机理条，台时产量高，只要投叶量适当，并及时排除水蒸气，其成茶条索紧直，芽叶完整，色泽绿润；使用多用机理条，由于其槽锅较宽，投入的初烘叶能在槽中均匀翻动，炒出来的茶叶条索紧直，色泽绿翠。但用这两种机器理条，都应控制好投叶量，并要及时排除水蒸气，否则易产生扁条和色泽变暗。

9. 提毫提香

此为毛峰茶香气形成的重要工序。一般有以下三种工艺，但最好的是采用手工在电炒锅内提毫和在烘笼上慢烘提香。

（1）用微型烘干机（或足火提香机）直接烘至足干

上烘温度90℃左右，摊叶比毛火略厚，烘干时间也比毛火要长。此工艺具有茶叶色泽好及利于实现制茶全程机械化的优点，但制出的茶叶香味品质不及用电炒锅手工炒制的好。若揉捻叶不打毛火而直接进行理条，理条后的此次烘干可分为两次，即第一次的初烘：当烘至茶叶有刺手感为适度，出烘后摊晾回潮；第二次的足烘，热风温度掌握在70℃～90℃，上烘叶摊层厚度可比初烘稍厚，厚薄同样要均匀，烘至手捻茶叶成粉末时下烘。此工艺应用较多。

（2）用30型滚筒杀青机或提毫辉干机进行滚炒至足干　筒体温度控制在200℃左右，投叶量开始时略多些，以防止焦变，以后均匀投叶，以达到提香目的。该工艺一般在生产中低档毛峰茶中应用，制出的茶叶色泽好，能耗低，成本省，香味比用烘干机直接烘干的好，但比电炒锅手工炒制的差些。

（3）用电炒锅以手工炒制　待电炒锅的锅温升至70℃～80℃时，投入适量理条叶在锅里翻炒，进行理条整形，炒至茶叶紧条显毫，约达八成干时出锅摊晾，然后用烘笼以文火慢烘方法将茶叶烘至足干下烘，茶叶含水率控制在5%～6%。此工艺是目前生产上推广应用最多的，制出的茶叶条索紧直，白毫披露，色泽银绿隐翠，香高味醇，品质较优，但作业的劳动强度大，产量不高。

表5 毛峰形名茶机型及其配套数量（台）

日产量(千克)	30型滚筒杀青机	25型或30型揉捻机	1.6平方米烘干机	11槽理条机	5槽多用机	电炒锅	烘笼
50	1	1（25）	1	1	2	3	4
100	1	2（25）	1	3		5	8
200	2	2（30）	2	4		6	12

（二）针形名优茶机制工艺技术

针形茶品质特点是外形紧直细秀似松针，带毫露峰，色翠绿鲜润，香高味醇，汤绿清澈，叶底嫩匀明亮。

其加工工艺一般是：

鲜叶→摊放→杀青→揉捻—┬→理条→整形（手工辅助）→足干
　　　　　　　　　　　　└→初烘→复揉→理条整形→足干

1. 鲜叶原料

适制品种为芽小、节间短、叶片薄的中小叶品种。芽叶标准为一芽一叶初展至一芽一叶开展，要求无病虫叶、单片、鳞片、紫芽及其他非茶类夹杂物。

2. 鲜叶摊放

同毛峰形名茶。

3. 杀青

与毛峰形名茶相同。

4. 揉捻

同毛峰形名茶。如果揉一次，揉捻后可直接进行理条。如果揉两次，复揉须在初烘摊晾后进行。其方法是先空揉 3 ~5 分钟，再轻压 5 ~7 分钟，直至将茶揉紧揉细。

5. 初烘

用 6CH—3 型等名茶自动烘干机进行初烘，热风温度 100℃左右，五成至五成半干（握之稍有刺手感）时下机摊晾，然后进行复揉。

6. 理条

与毛峰茶相似。若理条后需手工辅助整形的，理条程度宜轻，即当理条锅温达到 80℃ ~100℃时便可投叶，投叶后锅体快速或快慢交替运行。炒至条索有灼手感觉，即七八成干时下机摊晾。

7. 整形（人工辅助整形）

整形在电炒锅内进行。锅温 60℃ ~70℃，采用手工反复理条、搓条，直至将茶条理直搓紧搓细、干度达八成半至九成干时下锅摊晾，然后进行足火烘焙。

8. 足干

用微型（如 6CH—3 型）名茶自动烘干机（或烘笼）进行足烘。足火温度 60℃ ~80℃，烘至手捻茶叶成粉末（含水量为 5% 左右）时下烘，从而完成针形茶的加工。

（三）卷曲形名优茶机制工艺技术

其品质要求是：外形紧细卷曲，色绿润显毫，香高持久，滋味鲜醇，汤色嫩绿明亮，叶底匀亮。

其加工工艺一般是：

鲜叶→摊放→杀青→初揉→初烘→复揉—(手工辅助整形)→足火
　　　　　　　　　　　　　　→炒干整形—(手工辅助整形)→足火

1. 鲜叶原料

适制品种为芽肥壮，叶片薄，色黄绿，节间短，芽叶柔软而多茸毛的茶树品种（如福云6号、福大种及川群种等）。芽叶标准及要求同针形。

2. 鲜叶摊放

同毛峰形名茶。

3. 杀青

与毛峰形相同。

4. 初揉

同毛峰形揉捻。

5. 初烘

同针形茶。

6. 复揉

仍采用25型或30型名茶自动揉捻机进行揉捻。投叶后先空揉3~5分钟，再轻压揉5~7分钟，直至将茶条揉紧揉细。要求揉捻叶润滑黏手，完整少断碎，色绿无闷气。如果只揉一次，可不复揉，而采用炒干整形。机具为衢州产双锅曲毫炒干机，其炒制方法是：当锅温升至140℃~150℃时启动炒手板并投入初烘叶，单锅投叶量3.5~4.5千克，视初烘叶含水率灵活掌握。炒至茶坯有烫手感（叶温约60℃）、手握柔软如棉时，应降低锅温并调大炒手摆幅。炒3~5分钟后将锅温稳定控制在70℃~80℃，使之转入整形炒制阶段。整形炒制60~65分钟，靠炒手板与球面锅的作用，边失水边整形，使茶坯卷曲收紧成卷曲状。待含水率降至13%～15%，外形基本固定后，调小炒手摆幅，降温至50℃～60℃续炒4～6分钟，接着升温出茶（下锅叶含水率为10%～12%）。出锅后进行过筛去末。

7. 足火

烘干机型及方法同针形名茶足干（足火也可用6CH—941型碧螺春茶烘干机）。

机制卷曲形名茶与手工比较尚有一定差距，主要表现在外形茸毛不够多等。为了多提毫及提高卷曲形茶品质，可在复揉后或炒干做形中后期（即手握叶较柔软，含水量为20%～23%时）进行人工辅助做形提毫。即在电炒锅内反复搓团、抖炒（锅温60～70℃），直至白毫显露、茶条紧细卷曲、含水率达12%左右时出锅，然后再烘足火。

（四）扁形名优茶机制工艺技术

扁形名优茶是我国名茶中的一大类，其品质要求其外形扁平挺直，色绿润带毫，香气馥郁持久，滋味鲜醇回甘，汤色嫩绿清亮，叶纸黄绿匀亮。

其加工工艺可按“高档原料（特、一级）全程机制，中低档原料（二、三级鲜叶）以机制为主、手工辅助整形”的原则进行，

即：

鲜叶→摊放→杀青（小型滚筒机）$\xrightarrow[\text{（微型烘干机）}]{\text{（毛　烘）}}$理条整形（多功能机）→辉锅炒干（多功能机）→干茶（高档原料机

制工艺)。

鲜叶→摊放→杀青(多功能机)$\xrightarrow[\text{(微型烘干机)}]{\text{(毛　烘)}}$理条整形(多功能机)→辉锅炒干(手工辅助炒)→干茶(中低档原料半机制工艺)。

鲜叶→摊放→杀青(小型滚筒机)→理条(振动理条机或多功能机)→炒干整形(振动理条机或多功能机)→干茶(自然舒展直条形机制工艺)。

1. 鲜叶原料

适制品种为短节、少毫型芽叶品种(如龙井43号、川群种等,适宜加工紧细扁形茶)或芽壮肥厚、多毫型芽叶品种(如云大种、蜀永3号、黔湄502品种等,适宜加工扁直挺壮,锋苗显露、身披白毫的芽型扁形茶)。芽叶标准为一芽一叶初展至一芽二叶初展以及独芽。原料质量要求同针形等名茶。

2. 鲜叶摊放

同毛峰形。但应掌握"嫩叶长摊,中档叶短摊,低档叶少摊"的原则,即中低档叶比高档叶摊层厚度可适当增加,但摊放时间相应缩短,失重率也要相应减小。

3. 杀青

杀青方式有名茶滚筒机杀青和多用机杀青两种。滚筒杀青机械及杀青方式同毛峰形。下面讲采用槽式多用机的杀青方法。

(1) 机械　6CDM—42型(春江牌,浙江富阳茶机厂产)或6CDM—40型(上洋牌,浙江衢州微型茶机厂产)等系列名优茶多用机(一般以3~5槽机、5槽机使用较多)。

（2）温度　80～90℃（槽中热空气温度，或离槽口1厘米处气温为75℃左右或槽壁温度180～200℃。以手试之有明显的灼手感为宜）。

（3）投叶量　高档原料为0.10～0.15千克/槽，中低档原料为0.10千克/槽。投叶量过多过少均不好，过多则色泽灰，条索欠挺直；过少则条索偏宽。

（4）时间　约3～4分钟。

（5）程度　杀青叶色泽已转暗，叶质变柔软并基本成条时即可起锅出叶。要求杀青叶无红梗红叶、焦边焦叶。

（6）操作方法　先将多用机电流开通，预热10～25分钟，当锅热灼手时，应在槽面擦抹适量的制茶专用油（目的是为了改善色泽和外形），然后用布将锅面擦净。开动机器，快速振动槽锅（往复速度控制在120～130次/分钟），空转1分钟左右，然后投叶下锅，每槽投叶量应均匀一致，鲜叶入锅时应有“噼、啪”的爆鸣声。温度和投叶量都适宜的情况下，杀青3～4分钟，中途手工辅助透翻两次。下锅出叶时动作要快，以免锅底茶叶偏老或产生焦边，出锅杀青叶应及时摊开，让其自然降温并散失水分，摊晾时间约30分钟。

比较多用机与30型滚筒杀青机的杀青质量表明，滚筒杀青机杀青色泽较好，且工效高（比多用机杀青提高工效6倍以上），但外形及匀整度稍欠（杀青叶基本不成条，低档叶勾曲尤为严重）；而多用机杀青，条索比较扁平、挺直、光滑、紧结，但投叶量、槽锅振动频率及温度等较难掌握，杀青叶色泽及杀青均匀度要比滚筒杀青略逊一筹。权衡利弊，中高档原料可用滚筒机杀青（工效高，保绿效果好），低档原料宜用多槽机杀青（条索较好）。

4. 理条整形

理条整形是继续失水和形成扁紧外形的关键工序。该工序，除了要正确掌握温度和投叶量之外，加压棒的正确运用也至关重要。

（1）机械 6CDM—40 型等系列名优茶多用机。

（2）温度 70℃左右（或槽底温度 120℃左右）

（3）投叶量 高档原料为 0.12 千克/槽，中低档原料应适当少投（0.1 千克/槽），否则投叶量越多，品质水平越低。

（4）加压方式 无压—轻压（加 0.1～0.15 千克轻棒，最好为 0.1 千克轻棒）—无压。

（5）时间 10～12 分钟。

（6）程度 炒至外形基本扁平紧直，芽叶达七成干时起锅出叶。

（7）操作方法 先启动电机，使机器运转正常，然后接通加热电源升温，当锅温升到 70℃左右时即下叶。槽锅往复运动采用中速，其频率调到 110～120 次/分钟。杀青叶下锅先抛 1 分钟左右，待叶质转软后加入轻压棒，盖上网盖（加网盖对水蒸气的及时散发有一定影响，对色泽不利，但可防止茶条跳出槽外。只要茶条不跳出，可不加网盖），压炒约 1 分钟（加压时速度调到慢档，即运动频率为 80～100 次/分钟），取出压棒继续抛炒 1～2 分钟。待芽叶表面水分基本干时，再投入轻棒并盖上网盖，压炒 4 ~6 分钟。当芽叶达七成干、外形基本扁平紧直时，取出压棒，再抛炒 1 分钟左右后起锅出叶。

据试验研究表明，整形加压方式以轻棒为好。若用重棒，茶条细胞破碎率大，往往造成外形色泽偏暗。此外，操作时槽体往复运动快慢档应结合，快档以理条为主，慢档加压整形。

科技试验和生产实践表明，在杀青之后，理条做形之前进行一次毛火烘干工序，对成品茶品质十分有利。因为杀青叶含水率较高（62% 左右），黏性较大，若马上炒制，色泽易变暗。特别是用多用机杀青，其色泽有不同程度的变黑，振动频率越大，变黑也越明显。所以，当杀青接近适度时应降低振动频率，并应及时出锅。为避免茶叶理条压扁初期的明显黑变，于杀青后应进行一道毛火烘干工序，比较设置与未设置烘干工序的试验结果表明，理条压扁加工之前加预烘干工序可使成品茶色泽明显得到改善。但如果烘干失水过度，将使理条与压扁成形难以进行，以致造成茶条空松，碎末茶增加；如果失水明显不足，色泽仍偏暗，且增加理条时间。因此，毛火烘干程度要掌握适度。毛火工序方法是杀青叶上微型烘干机烘 5 分钟左右，以叶色转暗，条索收紧，茶条发硬而不刺手（烘坯含水率为 40% 左右。低档叶含水率可略高一些）为适度。

5. 辉锅炒干

（1）机械　同理条整形。

（2）温度　60℃左右（离槽面 1 厘米处的气温，手试有灼感)。

(3) 投叶量 0.2~0.3千克/槽。

(4) 加压方式 轻—重—轻原则。即无压—轻压(加轻棒)—无压—重压(加重棒)—无压。

(5) 时间 12~15分钟。

(6) 程度 以炒至扁平、光滑、紧直,手捻茶成粉末即含水率为5%左右时为适度。

(7) 操作方法 整形叶先经去末投入辉锅,投叶量0.2~0.3千克/槽。辉锅低温、慢速方式,其机器往复速度在90~100次/分钟。叶下锅后先抛1分钟,待叶温上升,叶张转软后,加入轻棒,盖上网盖压炒1~2分钟(加压时机器往复速度为80次/分钟)。取出压棒抛炒1分钟,待叶子有灼手感时加入重棒,盖上网盖,压炒5~8分钟。当槽底出现茶末时取出压棒,抛至足干后出锅。

若整形叶扁平有余,紧结不足,开叉较多时,应在机械辉锅至八九成干的基础上再辅以手工辉锅,主要凭着抓、扣、磨等手法的灵活运用,将茶条收紧、磨光,达到扁平、光滑、紧直的要求。

多用机虽在扁形茶机制中发挥了很大作用,但它不是万能机,与手工制作相比,在品质上还有一定差距。严格来说,当前的多功能机仅适用于二级以下扁形茶20%含水率以前的炒制作业。因此,根据较成功的经验,炒制高档扁形名茶,先辉锅机制至八九成干时出锅,最后在电炒锅中人工辉锅至足干。这样机、手结合炒制的高档扁形茶,可与全程手工炒制的茶相媲美。尤其中低档原料更应采取手工辉锅或手工辅助机械辉锅，且效率也不低。如采用机械杀青、机械理条做形、手工辉锅工艺，只需1台30型滚筒杀青机、4台多用机（5槽）和4台电炒锅，其日加工扁形名茶就可达到120千克左右。

理条后的最后整形炒干工序，也可采用扁茶整形机（如6CBZ—8.8D型等扁茶整形机）来替代多用机加工。其操作方法是：首先接通电源，启动电机，使机器正常运转，打开加热电源，使锅温升到80～90℃时，并打开通风开关，投理条叶3～4千克/次，整形前期温度要高，加压要轻，把茶叶条索充分理直，当茶叶渐渐干燥至约八成干，即茶叶不会结块、条索插直、翻炒已10分钟左右时，则要增加压力。加压、磨光约8分钟后，可降低锅温至60℃，并逐渐减压翻炒15～20分钟，使叶形达到扁平、挺直的要求。出锅前3～4分钟应空压，稍增加锅温，使茶叶茶香透发足干。

此外，若要加工自然舒展的扁直条形名茶，可同样采用多功能机或名茶理条机进行炒制，只是在理条和整形炒制中不加压，完全靠茶条之间、茶条与槽锅之间的摆动摩擦来理直炒扁（略扁）并呈自然舒展形。加工中应掌握：理条工序中温度宜稍高（槽锅温度为100℃（2～5分钟）→60℃）、投叶量宜稍多（0.2～0.25千克/槽）、时间稍长（12～15分钟）。起锅时可适当升温提香。以上技术有利于成茶良好品质的形成。

第二节　绿茶加工技术

茶叶种类很多，有红茶、绿茶、黄茶、白茶、乌龙茶和黑茶六大类。绿茶是四川茶区生产的主导茶类和优势茶类，其他茶类虽也有生产，但或生产量小，或所占茶中总产值比重小，在此仅对绿茶加工技术加以介绍。

一、绿茶初制

四川目前所产绿茶（不包括名茶）有炒青、烘青和极少量晒青（不作介绍），初制的过程都经过杀青、揉捻和干燥三大工序。

（一）绿茶初制工艺和原理

1．杀青

杀青是决定绿茶品质的关键，绿茶能否获得清汤绿叶和清高的香气，与杀青的工艺技术有密切关系。

（1）杀青的目的　杀青是将鲜叶通过高温处理达到三个目的：一是破坏鲜叶中酶的活性，抑制茶多酚酶性氧化，以保持绿的叶色；二是挥发鲜叶带青草气的低沸点带香物质，显露绿茶的清香气；三是蒸发鲜叶中的一部分水分（蒸汽杀青水分稍有增加）受热变熟，使叶质由脆硬变为柔软，以便于揉捻或造型。

（2）杀青的方法　杀青的方法有蒸汽杀青和锅炒杀青两种。蒸青法制成的茶色泽浓绿，叶底和茶汤鲜绿，但香气带青，滋味也欠浓爽。锅炒杀青法制成的绿茶，色泽以暗绿和黄绿居多，茶汤也是绿中带黄或黄中带绿，香气清高，滋味也较浓强。杀青工艺应做到三要三不要：一要炒熟，不要半生半熟；不要红梗红筋；二是炒透，没有青草气，不要炒焦；三要炒匀，没有水闷气，不要炒得过嫩过老。

杀青应掌握以下三原则：一是高温杀青，先高后低。杀青温度高低是根据鲜叶的嫩度、有无表面水和投叶量的多少而适当掌握。鲜叶较老、投叶量较少，无表面水的用温较低；鲜叶较嫩、投叶量较多，有表面水的用温应较高。在保证不炒焦的前提下，适当偏高的温度有利于提高杀青质量，杀青过程中的温度要先高后低。二是抖闷结合，多抖少闷。既迅速抑制酶的活性，又利用鲜叶中的芳香物质转化提高毛茶香气。三是嫩叶老杀，老叶嫩杀。一般嫩叶杀青的时间较长，老叶较短，达到熟而不焦，嫩而不生，杀透杀匀。

(3) 杀青的程度　杀青是否达到适度，主要是凭感官经验来鉴别。杀青叶达到适度的特征为：一是杀青叶区完全失去原有的光泽，保持翠绿色；二是叶质柔软如棉，紧握能成团，松手不弹散，嫩梗折之不断，嫩梗和叶柄产生皱纹；三是青草味基本消失，发出清香；四是杀青叶稍有黏手感；五是叶子含水量为55% ~60%。

2. 揉捻

(1) 揉捻的目的　适当损坏茶叶细胞组织，增加成品在冲泡时内含物质的溶解度，并使叶片卷紧成条，以利制成美观的形状。

(2) 揉捻方法　一是投叶量要适当。每次揉捻的投叶量依揉桶的大小而定，一般以松散装满揉桶为适度，过少加不起压，过多易产生局条。二是适当控制揉捻的时间、转速。揉捻的时间一般 30 分钟左右，揉嫩叶可较短，揉老叶应较长，以达到条素紧细为原则。对嫩度较高的茶，一般只揉一次，对比较粗老的茶，初揉后可进行解块筛分，将筛面茶进行复揉。为了使制成的毛茶条索紧细，可在初干至适度后进行一次复揉。揉捻机转速以每分钟 35 ~45 转为宜，并应采取“慢—快—慢”的操作方法。三是适当加压。加压是提高揉茶效率和品质的有效方法，揉捻过程中应当加压与松压交替进行，一般是开始时不加压，以后先轻压再逐渐加重压，最后松压揉 3 ~5 分钟。加压轻重还应视茶叶老嫩而不同，揉比较粗老茶加重压，嫩度较高的茶只加轻压，特别嫩的茶还可不加压。四是解决筛场，起到透气散热、解热团块的作用，还可将筛面茶进行复揉，保证揉捻效果。

(3) 揉捻的程序　揉捻程度与揉捻时间成正相关，揉捻时间越长，则揉捻程度越充分。揉捻程度以杀青叶的成条率为指标，一般要求三级以上原料的成条率达到 80% 以上，四级以下的原料成条率达到 60% ~70%。

3. 干燥

干燥是蒸发水分、防止变质的过程，同时也是留青气和整形的过程。一般都采用两次干燥法。第一次叫“打毛火”，第二次叫“打足火”。需要掌握几点：一是在干燥过程中温度不能固定，要先高后低，随着茶叶水分的减少而逐步（次）降低温度；二是干燥的时间不宜太久，特别是第一次干燥，如果水蒸气不能迅速散发，容易引起叶色变黄，香气带闷。在不影响整形的前提下，干燥的时间越短，水分蒸发越快，毛茶的品质越好。但不能用过高的温度；三是投叶量不能过多；四是每次干燥后要及时摊晾；五是揉捻叶要及时进行干燥。

（二）炒青、烘青绿茶的初制

1. 炒青茶

炒青茶品质要求：条素圆直紧细，色泽青绿，香味清高浓厚，汤色绿茶黄，叶低鲜绿明亮。

工艺流程：鲜叶摊放→杀青→摊晾→揉捻→解块→炒二青→摊晾→炒三青→摊晾→辉锅足干（毛茶）

（1）鲜叶摊放　鲜叶摊放过程中氨基酸水溶性糖和茶胶含量增加，多酚类略减，能够提高香气和滋味的醇度和鲜爽度。

鲜叶摊放的地点要通风良好，要求叶温不超过室温2℃～3℃，摊叶厚度12～15厘米，春末夏秋气温高，每隔1小时轻翻一次，并可用电风扇排湿散热，以防鲜叶湿度升高。当水分散失至含水量约70%，鲜叶散发出清香时为适度。

瓶炒机杀青，依筒体大小掌握投叶量，筒径1000毫米的每次投鲜叶25千克左右，筒径900毫米的每次投鲜叶15千克左右。筒温烧到适度（筒壁局部烧红）时迅速投入定量的鲜叶，杀青全程时间7～10分钟，要求鲜叶叶温在2分钟以内升到75～80℃，迅速破坏酶的活性。杀青时开动或关停排气风扇，起抖炒或闷炒的作用。投叶后先闷炒2～3分钟，至叶温上升产生大量蒸气时，打开风扇排气0.5～1分钟，再关停风扇闷炒1～2分钟，再排气抖炒0.5～1分钟。如此反复进行直至杀青适度，立即出茶摊晾。

（3）揉捻　四川普遍采用揉捻机械揉捻，投叶量以装满揉桶为度。揉捻时间是嫩叶短揉（20～30 分钟），基叶长揉（30～40 分钟）。通常在开始的 10 分钟不加压，以后逐步加压，先轻后重，最后松压揉 3～5 分钟。

为了提高揉捻叶的成条率，有的采用筛分复揉的办法。三级以上原料，第一次揉捻后用三孔筛解块筛分，将筛面茶复揉一次，三级以下茶在复揉后再筛再揉，有的对粗茶的筛面茶炒热之后复揉。

（4）干燥　炒青茶的干燥，通常是分为炒二青、炒三青和辉锅足干三个步骤。四川普遍采用 1100 型瓶炒机，转速 28～30 转/分，当筒内空气温度 100℃～120℃时，每筒投叶 30 千克左右，炒时打开排气扇，加速水分散发，炒到含水量 50%～55% 时，出机摊晾一小时后复揉 10～15 分钟。复揉后再炒三青，每筒投叶 30 千克左右，先滚炒 5～6 分钟至筒内有大量蒸气出现时，开动排气扇，以后根据水蒸气多少，随时开、关风扇。炒 20 分钟左右，茶叶水分减少到 25%～30% 时，出机摊晾 1 小时，然后辉锅直至足干。900 型瓶炒机因筒径小，只能用于杀青和炒二青，不宜用于炒三青和辉锅。

炒青茶干燥有的简化为两个步骤。即延长炒二青的时间，炒到含水分 25%～30% 时下机摊晾后进行辉锅。也有的把炒二青改为烘二青，烘干机进风温度 120℃～130℃，烘到含水分 45%～50% 时，摊晾后再炒青和辉锅。这种先烘后炒的方法，可防止炒二青时茶汁黏附在筒壁积成锅巴，产生焦气，同时，色泽较好，条素较直，但块稍差。

2．烘青茶

烘青茶的品质要求，条素完整紧青，色泽暗绿油润，香气清香纯洁，滋味醇和鲜爽，汤色黄绿清澈，叶底绿黄匀亮。

工艺流程：鲜叶摊放→杀青→摊晾→初揉→解块→烘二青→摊晾→复揉→解块→烘三青→足干（毛茶）。

（1）鲜时摊放 方法同炒青。

（2）杀青 方法同炒青。

（3）揉捻 分两步进行。杀青叶初揉，茶机转速每分钟35转，开始不加压，以后加轻压揉捻10～15分钟，茶叶初步成条即出机解块。二青叶摊晾后进行复揉，轻压与复压交替进行，进一步卷紧茶条，时间20～30分钟。

（4）干燥 分三步进行。杀青叶揉捻解块后进行烘二青，烘干机进风温度100℃～110℃，烘至四成半至五成干，出机摊晾30～60分钟后进行复揉。如果用瓶炒机炒二青，温度为100℃～120℃，转速每分钟24～26转，投叶量20千克～25千克，炒15～20分钟至干燥适度（含水量50%～55%），手捏茶叶成团不黏手即可出机摊晾后复揉。

复揉叶上机烘三青，进风温度110℃～120℃，烘至含水量15%～20%，摊晾后烘足火，进风温度90℃～100℃，烘到九成半干（含水量5%～6%），手捏成粉状时，即干燥完成。

二、绿茶精制

将初制后的毛茶加工成成茶的工艺称为精制。精制的目的在于使毛茶提高净度，整理形状，划清品级和充分干燥，达到国家或企业规定的各级成品茶品质规格标准。

各茶厂依机具设备等条件，采用不同的精制工艺。比较精简合理的工艺流程为本身、圆身和筋梗三路。

（一）本身茶路

1. 复火

毛茶如果“熟做”在筛分之前进行复火，复火后水分含量以7%～8%为宜。

2. 分筛

毛茶用滚筒圆筛机初分长短，再用平面圆筛机筛出4孔以下的茶。也可不经滚圆筛而直接平圆筛的；也有先经抖筛（一般是用6孔筛网），再进行平圆筛的。平圆筛筛目可分三组：第一组4、5、6、7、8目；第二组8、10、12、16、24目；第三组24、32、40、60、80目。如果是筛分低档茶，第一级和第二级面上的筛网可再放松半目。4～24孔筛号茶，继续加工；32～60孔细末茶另行处理；90孔以下为茶灰。4目或3.5目筛面毛茶头对切断后再筛分，先松后紧，反复切，筛3～5次后，头子茶头圆身路。

3. 抖筛

4～6孔茶用抖筛套头抽筋，套去粗头，抖出筋梗。其筛网组合是：

1～4级毛茶的4孔茶：7、7.5、12、12目。

5 孔茶：7、7.5、14、14 目。

6 孔茶：7.5、8、16、16 目。

5～6 级毛茶的 4～6 孔茶，抖筛上面两层筛网比上列放松半目，第三、四层筛网分别用 11 目、12 目和 14 目。

4～5 孔茶如果抖后条形尚欠匀齐，风扇后再过一道紧门筛。

4. 撩筛

4～12 孔茶用平圆筛撩出各孔过长的茶，（从 12 孔茶起撩，面茶逐孔上拚、4 孔茶撩头经机捡后付切）筛出过短的茶，提高匀齐度。撩筛筛网，一般是面层比各孔茶放松 1～2 孔，第二层筛网大于面层。1～4 级毛茶的筛网配置如表 6。

表 6　1～4 级毛茶的筛网配置

茶号	筛网组合	茶号	筛网组合
4 孔茶	3.5、3、6 目	8 孔茶	6.5、6、12 目
5 孔茶	4、3.5、7 目	10 孔茶	8.5、8、16 目
6 孔茶	5、4、8 目	12 孔茶	8、8、24
7 孔茶	5.5、5、10 目		

5、6 级茶的 4～6 孔茶可比上列放松半目。

5. 捡梗

4～6 孔茶撩筛后进行捡梗。机捡以捡出较粗长的筋梗为目的，机捡不出来的夹杂物辅以手捡，达到标准净度。

6. 风扇

4~24孔茶分别上风扇机，重复2~3次，按轻重分清品级，分别取料。同时扇出重质和轻质夹杂物。风扇要注意掌握风力大小，通常是和筛孔的大小成正相关，即4孔茶风力最大，以下各孔茶逐渐降低风力。应先调整好风力，至出口茶质量符合规格要求再进行生产。

7. 补火、匀堆、成箱

经筛分整理后的半成品，在匀堆成箱之前须进行一次补火，下机时的干度掌握在含水分5%左右。然后对照加工标准样拚配小样，算出各路各孔茶的比率进行匀堆成箱或装袋。

（二）圆身茶路

圆身茶路包括毛茶经数次切、筛后的毛茶头，本身4孔茶撩头和4~5孔茶抖筛头。外形较粗大，品质依来源不同而有差别。先经轧切或齿切再抖筛。抖头反复切抖至完。抖下茶上平圆机会筛。以后作业过程与本身茶路基本相同。

（三）筋梗路

本身路和圆身路抖出的筋梗和捡头子茶，分别集中由本路处理。抖筛抽出的幼筋梗茶的特点是嫩度好，净度差。要把其中嫩芽茶取出必须精工细做。机捡头的特点是含茶多，含梗子也多。切茶时要求茶断而梗少断。这两类的形质均有很大差别，所以要分别加工，两者的工艺流程基本相同。

第三节　花茶加工技术

花茶是四川茶叶消费者中的主导产品之一，有近千年的品饮历史。四川花茶消费量约占茶叶消费总量的30%以上，其中主要是茉莉花茶。花茶是将素茶经过窨花而制成的再加工茶，依所用鲜花不同分为茉莉花茶、玉兰花茶、珠兰花茶等。用于窨制花茶的素茶称为茶坯。红茶、绿茶、乌龙茶都可作为窨花茶坯，但以绿茶窨花最多。经过窨制的花茶香气称为外来香。四川以茉莉花茶为主，这里仅介绍茉莉花茶的加工技术，玉兰花茶、珠兰花茶等产量少，其窨制方法也基本相同。

一、加工工艺流程

（一）干坯窨制工艺流程

茶坯处理→鲜花维护→茶花拌和窨花→通花散热→收堆续窨→茶花分离→复火冷却→转窨 N 次→复火冷却→提花→匀堆装箱。

（二）湿坯连窨工艺

茶坯处理→鲜花维护→茶花拌和窨花→通花散热→收堆续窨→茶花分离→转窨 N 次→复火冷却→提花→匀堆装箱。

二、茶坯处理

（一）干坯窨制茶坯处理

窨花前的茶坯处理是指复火干燥和茶坯冷却。根据茶坯干度，在100℃~110℃复火干燥，使含水率达到约4%，烘后用茶箱或布袋贮存自然冷却，叶温下降到略高于室温1℃~3℃时，进行窨花或提花。

（二）湿坯窨制茶坯处理

茶坯可复火，或根据茶坯水分含量，先压花使茶坯含水量达到10%~12%。

三、鲜花维护

茉莉鲜花进厂后，先用3目筛筛去青蕾、花蒂等，然后选择阴凉、洁净、通风的地方将含苞待放的茉莉鲜蕾及时薄摊散热，摊放厚度在4~8厘米，待花温降至接近室温时，再收堆升温拟促进鲜花开放，堆厚为20~30厘米，为防止鲜花被“烧窨”，待堆心达到42℃的临界温度时，应立即薄摊散热，经过反复摊、堆，以促进鲜花开放至80%左右呈虎爪状。

四、窨花、窨制

将待窨的茶坯平铺在洁净的地板上，厚约25厘米，然后按照茶花比例，把经维护好的鲜花均匀地撒放于茶坯上，用铁铲将茶叶与鲜花充分拌匀，使鲜花和茶坯均匀混合在一起成窨堆，窨堆高30~40厘米。最后将预留的茶坯均匀地撒在拌和好的茶堆上，厚0.3~0.5厘米（称“在窨品”或“窨堆”）。

五、通花散热

经过5~7小时（炎热时可能3~5小时）窨制，堆温上升到45℃~48℃时，及时将窨堆散开、薄摊，厚度为5~10厘米，翻动散热，使茶坯温度快速降低到30℃左右，每隔15分钟左右开沟翻动一次。要求通透、通匀（炎热时要增加通花次数）。

六、收堆续窨

当堆温降低到30℃左右时，收堆，进行续窨。环境气温高时收堆温度和窨堆高度适当降低，环境气温低时收堆温度和窨堆高度适当升高。续窨时间一般为6~8小时。

七、起花

续窨完成后，用3~4目的筛花机将茶、花分离。筛出的湿坯及时摊晾。

筛出的花渣及时摊晾，交付压窨或复火干燥。

起花要求茶中不带花渣，花渣中不夹茶叶，如花渣中夹茶较多，或茶中夹花较多，应进行复筛。

八、湿坯复火

出花后的湿坯在100℃~110℃下烘干。烘后茶坯作为多窨次花茶转窨应用，含水率控制在5%~6%。烘后茶坯作为提花时，含水率控制在7%左右。湿坯复火后叶温较高，应装袋自然冷却到室温。

九、再窨

为增加花茶花香浓度，高级别和特种花茶进行的第2次及更多次的窨制，按照各窨次配花量进行窨制，窨制工艺与以上相同，温度、时间、水分含量等略有不同，再窨烘后茶坯水分含量应高于前一次烘后茶坯水分含量。

分级花茶窨次的多少根据表7（茉莉花茶窨制配花量）进行，特种花茶根据地方标准或企业标准的规定进行。

表7　茉莉花茶窨制配花量（1千克花/100千克茶）

级别	窨次	用花总量		各窨次的用花量					
		茉莉花	玉兰花	一窨	二窨	三窨	四窨	提花	
特种茉莉花茶	四窨一提	120	低于0.5	35	30	25	20	10	
特级	三窨一提	100	0.8	35	30	25		10	
一级	二窨一提	75	1	35	32			8	
二级	二窨一提	60	1	30	22	/		8	
三级	一窨一提	40	1.5	33	/	/		7	
四级	30%压，70%窨，全提	30	1.5	23	/	/		7	包括压花渣40千克/100千克

五级	半窨 半压 全提	25	1.5	18	/	/		7	包括压花渣 40 千克/ 100 千克
六级	半窨 半压 全提	20	1.5	13	/	/		7	包括压花渣 40 千克/ 100 千克
碎茶	一窨 一提	25	1.5	18	/	/		7	
片	全压 全提	8	1	压	/	/		8	40 千克/ 100 千克

十、提花

窨花完成的基础上，选用晴天采的朵大饱满的优质鲜花复窨 1 次，鲜花的开放度达到 95% 左右，配花量为 3 ~5 千克，窨时 4 ~6 小时，茶叶含水量达 8% 时立即起花装箱。

十一、压花

工艺过程与茉莉鲜花窨制过程相同，窨堆控制在 35 ~45 厘米，窨时 4 ~6 小时后起花。

十二、打底

100 千克干茶坯配 0.5 ~1.5 千克玉兰鲜花，分次用于窨花和提花。

十三、归堆与包装

（一）归堆

各批次干茶按外形、内质差异分别定级和归堆。

（二）包装

包装容器应清洁、干燥、无异味、无毒。接触茶叶的包装材料应符合 GB 7718 要求。

（三）贮藏

贮藏茶叶的仓库要求专用，做到清洁卫生、通风干燥、无异味、无毒、无污染物。

第四章 安全生产与包装保鲜

第一节 我国茶叶卫生质量面临的问题与对策

茶叶是我国的一种传统出口农产品，但也是一种供略大于需的产品。因此对产品质量有更高的要求。以茶叶出口而言，当前最大的障碍是茶叶的卫生质量问题。

一、茶叶卫生质量的现状

茶叶的卫生质量主要包括三个方面：农药残留；重金属含量；有害细菌。

（一）农药残留

从我国茶叶中农药残留的情况来看，在20世纪80年代以前，茶叶中的农药残留主要是“六六六”和“滴滴涕”，自从1972年农业部下发“禁止在茶叶生产中使用剧毒农药和高残留农药的通知”的文件后，我国茶叶中“六六六”和“滴滴涕”的残留直线下降。1984年中国政府宣布在全国范围内停止生产、销售和使用该两种农药的决定后，茶叶中“六六六”和“滴滴涕”的残留问题得到基本解决，我国出口茶叶中98%以上都低于国际上规定的 MRL 标准。

从 1984 年起，我国农药管理步入法制轨道，农药采用登记制度，迄今为止已有 18 种农药经登记可以在茶树上使用，并制定了安全使用标准，使我国茶叶中农药使用步入有序管理。因此，在 20 世纪 80 年代中期起，我国茶叶中农药残留问题已得到基本解决。但由于茶叶生产体制以茶农个体生产方式为主，因而在农药合理使用技术的推广和农药残留控制上出现一定难度，导致我国茶叶中农药残留水平也有回升趋势。

从当前茶叶中农药残留情况来看可以归结为如下几点：

1. 氰戊菊酯、甲氰菊酯、优乐得是当前我国出口茶叶超标排列前三位的农药

按欧盟 2000 年 7 月 1 日实施的新标准 0.1 毫克/千克统计，氰戊菊酯超标率为 39.9% ~84.25%，甲氰菊酯和优乐得分别为 22.4% ~66.6% 和 14.9% ~50.0%。据欧盟 1999 年对我国 1259 种茶样的分析结果，上述三种农药的超标率依次为 0%、14.2% ~21.8% 和18% ~21.8%。

2. 不同茶类中以乌龙茶和花茶中的农药残留问题最为突出

红、绿茶相对较低。据我所对 2000 种出口茶的分析结果，氰戊菊酯在乌龙茶和花茶中的超标率为 77.5% ~84.2%，甲氰菊酯为 32.5% ~66.6%。

欧盟的分析结果和国内分析结果类似，以乌龙茶居首位。以甲氰菊酯为例，乌龙茶 100% 超标，花茶

44.2% 超标，红茶 21.8% 超标，绿茶 14.2% 超标。

3. 三氯杀螨醇的残留问题不容忽视

三氯杀螨醇的残留问题在 1998 年以前，居我国残留超标的首位。但值得注意的是我国三氯杀螨醇产品中含有 3% ~10% 的滴滴涕。因此，三氯杀螨醇的残留仍然是一个潜在的危险。

4. 我国茶叶中农药残留超标率较高

据欧盟 1999 年对世界上 32 个茶叶出口国和地区的分析结果，根据茶叶中农药残留水平的高低，分为三类：第一类是农药残留水平低的国家（包括非洲产茶国、南非产茶国和亚洲的印度尼西亚和斯里兰卡）；第二类是农药残留水平高的国家（包括中国、中国台湾省、日本和越南）；第三类是居第一、二类之间（包括印度），这就使得我国茶叶出口处于非常不利的境地。

（二）重金属

茶叶中重金属含量问题是最近出现的新问题。其中主要的成分包括铅、铜。特别是铅的含量问题，目前我国颁布的强制性执行标准中仅此两种。

铅是一种人体并不需要，而且过量时会对人体有害的重金属。各种食品、水、空气中均含有微量的铅。茶和其他植物一样也含有铅。目前从茶叶中铅含量来看，可归纳为如下几点：

1. 茶叶中铅含量总体而言处于中等偏高水平

一般而言，茶树鲜叶中的铅含量在 0.3 ~0.6 毫克/千克，成茶中的铅含量一般都在 1 毫克/千克以下，但少数茶叶中铅的含量较高，甚至超过 5 毫克/千克。据

1999年中国农科院茶叶所对当年中国茶叶学会“中茶杯”259只参赛茶样的测定结果，超过2毫克/千克的占41%，低于1毫克/千克的占63.7%。中国农科院茶叶研究所栽培育种研究室1999年6月检测了来自全国20个省市422只茶样的铅含量，高于2毫克/千克的占16.82%，名优茶铅超标率为12.55%。据上海市疾病控制预防中心报道，据1999年的测定结果，91.3%茶叶低于2毫克/千克，茶汤中的铅含量一般在15微克/升，茶叶中的铅在泡茶时可以部分溶出，但浸出率一般在3%～5%。据国家茶叶质量监督检验中心和浙江省食品质量检测所据10个茶样中铅含量和茶汤中铅含量的检测结果，铅的浸出率为2.51%。

2. 茶叶中铅含量有逐渐增加的趋势

据浙江省食品检测所测定龙井茶的含铅量，1996年为0.62毫克/千克，1997年为0.74毫克/千克，1998年为0.87毫克/千克，1999年为1.45毫克/千克。

3. 茶叶中铅含量高低有一定地区性差异

据我所对各地的茶样检测结果，以四川、浙江、安徽等地的茶样超标率相对较高。

4. 茶叶中铅的最大残留限量标准差异很大，大多数国家并不强制执行

目前制订有铅的MRL标准的国家为：澳大利亚(1995)、加拿大（1985)、印度、保加利亚、斯洛伐克、爱沙尼亚、爱尔兰、肯尼亚、突尼斯、赞比亚、牙买加等国的标准都是10毫克/千克，日本为25毫克/千克，欧盟和西班牙目前执行的为5毫克/千克，我国1988年

制订的标准为 2 毫克/千克（紧压体为 3 毫克/千克）。此外，马来西亚、新加坡、克罗地亚和毛里求斯等国也是 2 毫克/千克。

茶叶中铜元素含量，一般情况，鲜叶中为 15～20 毫克/千克，绿茶中铜含量为 10～70 毫克/千克，我国绿茶中铜含量一般为 12～14 毫克/千克。印度、斯里兰卡红茶中的铜含量稍高，平均为 29.5 毫克/千克，这可能和这些地区茶园中常应用铜剂以防治茶饼病有关。关于茶叶中铜限量（MRL）的允许标准：日本为 100 毫克/千克（1960），德国为 40 毫克/千克（1982），澳大利亚（1975）、英国（1950）、美国（1970）为 150 毫克/千克，荷兰为 250 毫克/千克（1985），我国 1988 年制订的茶叶中铜最大残留限量标准为 60 毫克/千克。

（三）有害微生物

有害微生物的检验越来越为发达国家所重视。茶叶从其食品属性来看，应属于风险性最小的一类，因为茶叶属于干燥食品，而且所含蛋白质含量甚低，不具备提供微生物生长的条件，但在加工过程中也同样存在污染有害微生物的可能性。这些微生物主要包括大肠杆菌、沙门氏杆菌等肠道感染细菌。我国目前茶叶中有害微生物的污染情况不容乐观。据美国和日本对我国出口茶叶的检测结果，有 90% 以上超标，尽管目前大多数茶叶进口国和地区尚未将有害微生物检验列为必检项目，但欧盟和美国已将其作为试验项目。因此，情况十分严峻。

关于有害微生物的允许标准目前各国尚不完善，有的国家检验细菌总数。日本规定饮用水中一般细菌总量低于100CRU/毫升，大肠杆菌群则不得检出。我国规定饮用水中细菌总量为低于20CRU/毫升，矿泉水50CRU/毫升。

二、茶叶卫生质量的成因

（一）农药残留

茶叶中的农药残留来源于两个方面：

1．直接喷施

茶叶中农药残留的直接来源是农药喷施在茶树叶片上。其中一部分农药留在叶片表面，一部分农药渐渐渗入茶树组织内部，在日光、雨露、湿度、茶树体内酶类等因素的影响下，逐渐分解和转变成其他无毒物质，如果在这些农药还没有完全降解时便采收下来，这种鲜叶经加工后制成的成叶中便会含有农药残留。

2．间隔来源

茶叶中农药残留的间隔来源包括如下三个可能，它同样是不可忽视的成因。

（1）从土壤中吸收　喷药过程中，有80%～90%的农药会流失到土壤中，这些农药一部分在土壤中蓄积，一些内吸性的农药（如乐果），还可通过根系在吸取水分和营养物质的同时，将农药输送到芽梢部。

（2）由水携带　茶树喷药和灌溉需要大量的水喷施在茶树上，因此水中的农药会随着用水转移到茶树上，尤其是一些水中有溶解度较高的农药，如乐果、马拉硫磷、甲胺磷等，便有可能随着水转移到茶树芽梢上。例如，甲胺磷虽然在茶叶生产中禁止使用，但由于稻田中大量使用这种农药，因此，随着稻田用水的流入茶园，而转移到茶树芽梢上。这也是目前茶叶中常发现有甲胺磷微量残留的一个重要原因。因此，在选择有机茶的原料基地时就要考虑这种可能性。

(3) 空气漂移 空气漂移是茶树芽梢中农药残留除了直接喷药以外的另一个重要来源。农药在喷施叶片表面或土壤表面后可能通过挥发进入大气中，或吸附在大气中的尘粒上，或是成气态随风转移。这些被吸附在尘粒上或直接随气流漂移的农药会在一定距离外直接沉降或由雨水淋降，构成茶叶芽梢中的农药残留。我国在20世纪70年代中期起在茶叶生产上已停止使用“六六六”和“滴滴涕”，但茶叶中的农药残留仍不能迅速降低，就是由于稻田喷药后漂移到茶树芽梢而造成农药残留。

(二) 茶叶中重金属的成因

1. 土壤母质中铜含量较高

目前，我国一般茶园土壤中铜含量标准尚未制订，仅有机茶园中土壤质量标准值铜和AA绿色食品土壤环境质量标准值中铜含量为≤60毫克/千克。德国规定的土壤中铜的允许上限为100毫克/千克。但我国有关机构对西湖龙井茶区43种土样的分析，结果表明平均铜含量为25.4毫克/千克，超过50毫克/千克的土壤有2种，占4.6%。从地区分布来看，也有一定的地区集中性，四川省最多，占总超标数的32%。因此，土壤母质中铜元素含量高时，茶树在多年生长的过程中逐渐从土壤中吸收累积铜，构成茶叶中的铜残留。

2. 机械含铅

制造茶叶加工机械的合金中含有铅，茶叶在加工（特别是揉捻工序）中与机械表面接触构成污染。

3. 环境污染

尤其是汽车汽油中因添加有四甲基铅和四乙基铅，它们在燃烧过程中转化成 $PbBr_2$，PbBrCl，Pb（OH）Br 和 Pb（$OH)_2PbBr_2$ 等卤化物，它们的可溶性较高，降解后与有机质相结合，或吸附在空气尘埃上，造成空气和土壤污染。四川省龙井茶区相对靠近城市，尤其是旅游业的发展，车辆来往频繁，因此受铅污染的可能性也较大。据研究，农业区和矿区土壤的铅含量与车流量成正比。意大利科技工作者曾测定了汽车尾气中铅浓度及其对葡萄污染的影响，结果距公路愈近的葡萄园，葡萄铅污染程度也愈严重（最高的污染浓度可达 4～6 微克/克，葡萄干重)。

4. 施用的肥料中含有高浓度的铅

根据对各种有机肥的实测结果，虽然铅含量未超过允许标准，但也有较高铅含量（10～37 毫克/千克)，应引起重视。

（三）茶叶中有害微生物的来源

茶叶中有害微生物的来源，一是鲜叶从茶园中采收回加工厂后所接触到的污染，二是在加工成品茶后在包装运输过程中引起的污染。

三、提高茶叶卫生质量的对策

（一）从源头上解决茶叶中的卫生质量问题

要迅速降低我国茶叶中的农药残留、铅和有害细菌问题，必须从茶叶生产抓起。其中重要的是加强技术宣传，普及茶园安全质量的知识。

1. 农药残留问题

要认真切实贯彻农业部禁止三氯杀螨醇和氰戊菊酯在茶叶生产中应用的规定，要向基层技术人员和茶农进行宣传指导。特别是宣传停止在茶树上使用三氯螨醇和氰戊菊酯的规定。

2. 铅的问题

要组织力量，摸清不同地区的主要污染途径，查清我国不同茶区的铅背景值，对症下药，逐步加以解决。

3. 有害细菌的问题

要加强对茶叶生产的卫生宣传，对茶厂环境以及工作人员要建立卫生标准，要像对待食品生产那样的卫生要求对待茶叶加工。

（二）从技术上解决茶叶卫生质量的关键问题

根据当前茶叶中卫生质量出现的新问题，要及时在技术上予以调整和解决。

1. 农药残留问题

要针对主要茶叶进口国的茶叶中农药最大残留限量标准（MRL）调整我国茶园中常用农药品种。

(1) 禁用三氯杀螨醇后，可用克螨特和四螨嗪进行替代。

(2) 禁用氰戊菊酯后，可用氯氰菊酯、溴氰菊酯进行替代。

(3) 针对当前欧盟对优乐得、速螨酮的 MRL 标准暂定为 0.02 毫克/千克，该两农药暂停使用，待正式

MRL确定后再考虑使用。

（4）大力推广应用生物农药（如茶尺蠖病毒制剂、茶毛虫病毒制剂、黑刺粉虱真菌制剂、苏云金杆菌和白僵菌等）。

（5）可推广应用目前欧盟MRL较宽或未制订标准，并证明有良好防治效果的几种农药如硫丹（赛丹）、吡虫啉（康福多、大功臣）。

2. 铅的问题

（1）要摸清不同地区的铅的来源，尤其是通过施肥而进入土壤中的铅。我国已制订有机肥中铅的标准限量为：一级标准50毫克/千克；二级标准100毫克/千克。根据对各种有机肥的实测结果，铅含量在10～37毫克/千克，有的磷肥中含铅量高达250毫克/千克，因此应组织力量对肥源中铅含量进行检测，使得不致有过多的铅随着肥料的施入而进入土壤中。

（2）对目前制茶机械尤其是新生产的茶叶机械应采用不含铅的合金为原料，以保证在加工时不致使鲜叶受到污染。

（3）有害细菌的问题，应建立茶厂加工的卫生管理，鲜叶的摊放地、茶厂的环境均应有卫生要求。此外，工人的服装、包装器具和场所的卫生都应予以严格管理，以防止和杜绝有害细菌进入茶叶中。

（三）建立健全茶叶卫生质量保证体系

茶叶卫生质量保证体系应包括茶树种植——茶叶加工——包装——销售的整个过程。

一是茶叶生产管理部门应加强普及种茶、茶叶加工以及销售的科学知识，提高茶叶技术人员、茶农、茶厂工人的卫生意识和质量意识。随着对茶叶卫生质量要求的进一步提高，要普及茶园中农药使用、肥料应用的新技术和新知识，要宣传普及茶园有害生物的综合治理技术，要加强对茶厂卫生条件的管理和整顿，提高卫生条件。

二是农业生产资料管理部门应对茶区农药和肥料的供应进行严格监督和管理，禁止农药和不适用的肥料进入茶区或在茶区应用。

三是质量技术监督部门应加强对内销茶叶的卫生质量进行严格抽样检验。对农药残留、铅、铜含量超标的要禁止销售，并在货架上撤除。对无残留农药、无铅、无铜含量的茶叶可予以特殊标记，以提高产品质量观念。

四是茶叶流通主管部门要加强对茶叶经销单位的监督和管理。对卫生质量不合格的茶叶禁止销售，经销企业要注意改善茶叶仓储条件，确保在销售过程中不被污染。

五是茶叶出口企业应逐步建立生产基地，对基地的茶叶生产、加工实行科学管理，确保出口茶叶在卫生质量上符合标准。

六是质量标准部门应进一步审查现有的茶叶中 18 项农药最大残留限量（MRL）和两项肥料中重金属标准，有机茶中农药残留限量（MRL）和肥料中重金属含量，应要求和国际接轨。

七是科研部门进一步提高茶叶中农药残留的检验正确性和快速检验技术，从技术上提高和完善我国茶叶卫生质量保证体系。

（四）加强对科技的投入

对茶叶卫生质量中存在的问题，如茶叶中农药残留的快速检测技术、茶园中农药残留的快速检测技术、茶园中农药残留的降解减除技术、茶叶中铅污染的来源、茶叶中有害微生物的来源和防治技术等，有关部门应予以立项，投入经费，予以解决，以确保我国的茶叶产业化能在现在基础上进一步提高，确保我国 8000 万茶农的收入进一步增加。

第二节 无公害优质茶叶生产实用新技术

所谓无公害茶叶，就是指茶叶产品中的有害物质，包括农药残留、重金属、有害微生物等卫生质量指标达到国家有关标准要求，对公众身体健康没有危害。它不同于有机茶和绿色食品茶。无公害茶是市场准入的最基本要求。

21 世纪是无公害的世纪。随着人民生活水平的不断提高，人们的营养意识和健康意识日益增强。茶叶作为天然的健康饮料，其优质和安全更加被人们关注，从而发展无公害茶叶，势必成为人民生活水平日益提高的客观要求；茶叶是山区人民脱贫致富和地方财政收入的主要来源，进一步优化茶叶结构，发展无公害茶叶，是适应市场变化，增强竞争能力，增加农民收入，促进茶业可持续发展的重要举措；茶叶是我国传统出口创汇商品，年出口量占总产量的1/3。然而，由于卫生质量问题，茶叶出口已受到严重影响。入世后，茶叶出口虽然关税降低了，但技术壁垒，包括检疫、检验、质量、卫生等“门槛”都有提高，对我国茶叶出口构成威胁。积极发展无公害茶叶，是扩大茶叶出口的必然选择。

茶叶卫生质量，特别是农药残留问题，能否妥善解决，在某种意义上说，直接关系到川茶乃至全国茶业的兴衰。因此，采取积极有效措施，大力发展无公害茶叶迫在眉睫，势在必行。

一、无公害茶叶基地的选择与建设

（一）生产基地的环境

无公害茶叶生产基地环境，要求空气、土壤、水源无污染。大气环境质量符合GB3095—1996中规定的一级标准要求；茶地的灌溉水质量应符合GB5084—1992中规定的旱作农田灌溉水质要求；茶地的土壤应质地良好、无污染；远离城镇、工厂、矿山、作坊、土窖等，周围没有其他直接或间接污染源；具备茶树良好生长的基本土地条件，即：土壤pH值在4.5~6.5之间，土层深厚，有效土层超过80厘米，养分丰富且平衡，在0~45厘米土层的有机质含量≥15克/千克，有效氮含量≥120毫克/千克，有效钾含量≥100毫克/千克，有效磷含量≥20毫克/千克，镁、锌等元素含量不缺，地下水位100厘米以下，年降水量大于1300毫米，10℃以上积温大于3700℃，常年相对湿度80%以上；生产、加工、贮藏场所及周围场地应保持清洁卫生。

（二）茶叶基地选择

用作无公害茶生产茶园，应选在茶叶的优生区和适宜区，同时还应具备以下条件：一是植茶区域生态环境良好，茶树病虫害少；二是现成的采摘茶园，要有良好的栽培管理规范，近期不偏施或重施化肥、化学合成农药、除草剂等；三是茶园集中成片，有一定规模，长势良好，且无公害茶生产茶园与其他常规农业生产用地有一定的隔离带；四是茶树品种能适应当地土壤及气候条件，具有较强的抗病虫能力，新建茶园也要选择符合上述条件的土地，建立高标准无性系良种茶园。

（三）茶园生态环境的维护与建设

要科学合理地在茶区和茶园四周及道路两旁种植与茶树相适宜的树木，营造防护林，这样可以形成良好的防护屏障，可有效抵御部分工业废气的污染，起到遮荫、防风、抗寒的作用，并能调节和改善茶园小气候，防止水土流失，使茶园环境得到优化，也有利于提高茶叶品质。

二、无公害茶的栽培与管理

（一）选择适宜良种

品种改良是发展优质、高产、高效茶叶的前提，也是发展无公害茶叶、绿色食品茶叶、有机茶叶的基础。因此，无论是改建的还是新建的无公害茶叶生产基地，都要重视和加速无性系良种的推广。

茶树品种的选择，一定要适宜当地土壤、气候等生态条件和适制茶类。尤其是要选用对病虫害抗性较强的无性系良种，种植前必须按 GB11767—89《茶树种子和苗木标准》对苗木进行质量检验和植物检疫。

（二）树体培养与修剪

修剪是培养丰产树形和实现茶树高产优质的关键技术之一，也是茶树病虫防治的有效方法，生产上不可忽视。每年茶季结束时，要进行茶树篷面修剪，结合深翻、除草、施有机肥、清理掩埋杂物，然后用0.3～0.5波美度的石硫合剂封园。这项技术可大大降低翌年虫口密度，对降低病虫害发生率十分有效。

（三）肥料选择与施用技术改进

无公害茶生产基地应掌握的施肥原则及注意事项主要有以下几点。一是生产上应尽量选用《准则》中推荐和允许使用的肥料种类，在不产生不良后果的前提下，允许有限度地使用部分化学合成肥料；二是化肥必须与有机肥配合施用，有机氮与无机氮之比以 1∶1 为宜，大约 1000 千克厩肥配施 20 千克尿素，最后一次追肥必须在茶叶采摘前 30 天进行；三是叶面肥可施 1 次或多次，最后一次喷施必须在采茶前 20 天进行；四是禁止使用有害的城市垃圾和污泥、医院的粪便垃圾和含有害物质的工业垃圾，农家肥料要先腐熟达到无害化要求；五是利用山区资源充足的优势，广积天然绿肥和土杂肥，也可在幼龄茶园或山场空地种植绿肥。

有机肥料，常带有各种病原菌、病毒、寄生虫卵及恶臭味等，可以对有机肥料进行无害化处理，如 EM 堆腐法、自制发酵催熟堆腐法和工厂化无害化处理，使其变有害为无害。

合理施肥，就是在施氮肥的同时，必须配施一定数量的磷、钾肥及其他微量元素，使茶树生长健壮，以增强茶树的抗逆性和对病虫害的抵抗力，提高茶叶品质。

（四）茶园行间铺草覆盖

茶园中提倡行间铺草，每亩铺草量不少于1000千克，原料可利用山草、稻草、麦秆等，可以防止地表水土流失和增加土层蓄水量；同时有夏季降低地温、冬季增加地温的作用；还能抑制杂草生长，有利土壤生物繁殖，增加土壤有机质含量，提高土壤肥力。有条件的地方，可以积极推行遮阳网覆盖，同样可起到明显的保护作用。

（五）茶园的耕作与除草

茶园耕作可以疏松土壤，促进茶树根系更新，直接消灭病虫以及清除杂草等作用，一般每年4次浅耕除草。春茶开采前进行一次浅耕除草，清除越冬杂草。春茶结束后浅耕除草可疏松被采茶踏实的表土，同时可推迟夏草生长。8~9月份是秋草生长、开花结籽的时期，这时除草对防止第二年杂草生长有重要意义。

秋冬季节，可结合施基肥进行一次行间深耕（20~30厘米），并把覆盖草料深埋土壤，深耕时要按照行中深、根际浅的方法，以便做到不伤根或少伤根。对于土壤肥沃松软、无杂草、树冠覆盖率高的茶园，应实行减耕或免耕，一般不使用除草剂喷杀，以免引起污染。

（六）无公害茶园病虫防治

1. 农业防治

农业防治是病虫害综合防治的基础和关键，具体做

法有:

(1) 分批及时采摘　茶树新梢是多种主要病虫，如茶饼病、茶芽枯病、茶蚜、假眼小绿叶蝉、茶附线螨、茶橙瘿螨等活动、取食和繁殖的场所。通过及时采摘，可以直接摘除这些病虫枝叶。

(2) 合理修剪、疏枝　剪去一部分表层病虫枝条和茶丛下部过密的枝叶和徒长枝，可促进茶园通气，以减轻病虫危害。

(3) 耕作除草　深耕能使病虫因机械损伤、干燥或暴晒致死。秋季深耕可以将土表越冬的尺蠖类、刺蛾类、茶短须螨的蛹和成螨等各种病原物深埋入土，而将深土层中的越冬害虫如地老虎、象甲类等地下害虫暴露在土表，不适应气候或天敌的侵袭致死。

(4) 合理施肥　合理施肥可以改善茶树营养条件，提高茶树抗病虫害及补偿能力，还可以改变土壤性状以恶化某些害虫的生存环境，甚至直接引起害虫死亡。如施用有机氮肥可以提高茶树对茶橙瘿螨的抗性，石灰不利于蓟马、叶蝉的生存，磷矿粉作根外追肥，对红蜘蛛有杀伤作用。

2. 物理、机械防治

(1) 捕杀或摘除　茶毛虫、茶蚕、大蓑蛾、茶蓑蛾等体形较大、行动较迟缓、容易发现、易捕捉的害虫和具群集性的害虫，可采用人工捕杀的办法；有假死习性的害虫，在振落的同时，要用器具承接；杀除蛀干害虫可以刺杀或剪除病枝。有的病虫害可以采用摘除病叶、剪除病枝或拔除病虫枝的方法来减轻病虫危害。

（2）灯光诱杀　茶树害虫，以鳞翅目害虫居多，它们大多具有趋光性，在茶园中常用黑光灯来诱杀。

（3）食物诱杀　利用害虫的趋化性，用饵料诱集害虫或添加杀虫剂诱杀害虫，如糖醋诱杀蛾类成虫，用性激素诱杀小卷叶蛾、茶尺蠖等。

3．生物防治

（1）以虫治虫　即利用捕食性昆虫和寄生性天敌来消灭害虫的方法。捕食性昆虫常见的有瓢虫、草蛉和捕食性盲蝽等，寄生性昆虫有寄生蜂和寄生蝇等。

（2）以病毒治虫　目前已经应用的有核型多角体病毒、颗粒体病毒等，具有持效时间长、有效剂量低、对环境较安全等优点。

（3）以菌治虫　即利用有益的细菌、真菌、放线菌及其代谢物来防治病虫的方法。常用的有苏云金杆菌（Bt）制剂防治茶毛虫、茶黑毒蛾等鳞翅目害虫，白僵菌防治茶丽纹象甲和假眼小绿叶蝉，真菌制剂防治黑刺粉虱等。

4．化学农药防治

用生物防治和农业防治等方法不能有效地控制病虫危害时，可以进行化学农药防治。用化学农药防治病虫时应注意以下几点：

（1）禁止使用剧毒、高毒、高残留农药，应选用高效、低毒、低残留农药进行防治。

（2）不盲目增加喷药次数和用药浓度，提倡不同类型农药交替使用，最后1次施药距采收天数不得少于安全间隔日期，尽量采用点治和挑除，不达防治指标的不用农药防治。

(3) 建立病虫害测报点，做好虫情调查，适时做好预测预报，对准确防治病虫害有重要作用。

(七) 鲜叶采摘与管理

1. 采摘

鲜叶采收要严格执行常规的质量标准进行分批及时采摘。保持鲜叶芽叶完整、匀净、新鲜和清洁卫生，不夹带杂物。机械采茶时，采茶机动力必须用无铅汽油，防止汽油、机油污染茶园土壤和茶叶。

2. 装运

盛装鲜叶的器具应采用清洁、通风性能良好的竹篓，不得使用布袋、塑料袋等软包装材料；运输工具要清洁卫生，严防污染；采下的鲜叶要及时进厂加工、防止日晒雨淋，避免湿热、机械损伤或有毒、有异味物质侵害。

三、无公害茶的加工与贮运

(一) 无公害茶的加工

1. 茶叶加工厂环境、设施与卫生管理

(1) 茶厂环境与卫生要求　茶厂应建在地势高、距离居民生活区较远、无污染，且位于其他工厂及潜在污染源全年主导风向的上风处，并重视厂房周围的绿化、美化。贮青室要安装换气扇，保持空气新鲜；加工车间要安装排气、除尘装置；包装车间要清洁卫生；车间和机具要经常清洗，保持清洁。

(2) 加工机具要求　无公害茶叶加工中使用的机械、用具等设备，必须用不含有污染物的材料制成，在加工过程中及加工结束后，对各种设备与场地均应保持整洁、卫生，经常清洗。

(3) 茶厂的卫生管理 加工厂必须建立一套完善的卫生管理制度。从事茶叶加工和包装的人员必须经过制茶技术和食品卫生知识的培训，并且要经健康检查，取得健康合格证后方能上岗，并应定期体检，讲究个人卫生。

2. 鲜叶管理

进厂鲜叶必须来源于无公害茶生产基地，避免常规茶园鲜叶与无公害茶园鲜叶混合。按标准验收划分等级，及时贮青、摊放，并要专人管理。贮青室要清洁卫生、阴凉、通风、干燥，防止鲜叶发热、红变等。

鲜叶中如发现红变或其他污染变质叶应及时剔除。

3. 茶叶产品加工

根据各类茶叶产品标准，按鲜叶原料品种等级，采用相应的加工工艺，确保产品质量。茶叶加工要尽量采用连续化、自动化、封闭式等生产方式，减少对茶叶的污染。

加工中禁止使用人工合成的食品添加剂、合成色素及其他添加物；可以使用天然的无公害的茉莉花等来加工花茶。

茶厂必须配备合格的质量检验人员，并按检验工作的要求，配置检验所需的仪器设备，每批产品都应按无公害茶叶理化检验项目进行检验，经检验合格方可出厂，不合格产品不允许出厂销售。

(二) 无公害茶的包装、运输、贮藏

1. 包装

接触茶叶的所有包装材料要符合食品卫生要求。包装材料必须不受杀菌剂、防腐剂、熏蒸剂、杀虫剂等物品的污染，要求干燥、防潮、阻氧等，能保持茶叶品质。推荐使用无菌包装、真空包装、充氮包装。成品茶必须附有标签，标签内容必须符合 GB7718—94《食品标签通风标准》的规定。

2. 运输

运输工具必须清洁、干燥、无异味、无污染。运输中应防雨、防潮、防暴晒、防污染，严禁与有毒、有害、有异味、易污染的物品混装、混运。

3. 贮藏

贮藏茶叶的仓库必须干燥、清洁、卫生、无异味，并保持通风干燥。产品不得与有毒、有异味、易污染的物品混放并远离污染源。

贮藏的茶叶必须保持干燥，茶叶含水量应符合要求。仓库内配备去湿机或其他去湿材料，无公害茶叶与普通茶叶分别贮藏。

第三节 名优绿茶的包装与保鲜技术

科学研究表明，茶叶因含有多酚类等多种极易氧化、易吸湿回潮的物质，在贮运过程中由于水分、氧气、温度、光照等因素作用，而极易陈化劣变，失去原有的新鲜风味。特别是名优绿茶，大多采用幼嫩芽叶制作而成，各种水溶性物质含量高于大宗茶，且主要集中在春季，空气湿度大，在贮运销售中很易吸湿回潮而产生劣变。因此，名优绿茶对包装保鲜技术的要求较大宗茶更高，其意义亦更大。

一、部分包装材料的基本特性

(一) 聚乙烯（PE）

聚乙烯袋（食品袋）是目前在市场上使用最多的一种。它的最大优点是价格便宜，热封性好。缺点是具有轻度蜡烛（柏）油气味，易被茶叶吸收污染异味。聚乙烯薄膜的防潮、阻氧和防止茶叶香气的散失，是塑料中最差的一种。依制造方法分为高压、中压、低压三种。

1. 低密度聚乙烯（LDPE）

密度为0.910~0.925，具有透明、柔软、富有弹性的特点（普通食品袋即为这种材料）。其厚度为30微米的薄膜，水蒸气透过量为18克/平方米、天、38℃、90%相对湿度（以下单位相同）；氧气透过量为6000毫升/平方米、天，常压（以下单位同）。

单层聚乙烯薄膜只能作短时间的茶叶包装用，更不适用于放吸氧剂的小包装。因它具有较大的透水、透氧性，亦能散透茶香、花香。所以也不宜作花茶包装。

2. 中密度聚乙烯（MDPE）

密度为0.926~0.940，呈磨砂玻璃状的透明度，水蒸气透过量为8~15克；氧气透过量为2600~5200毫升。它具有较强的抗拉性。几乎无异味，质地比LDPE好。

3. 高密度聚乙烯（HDPE）

密度为0.941~0.965，带钢性。水蒸气透过量5~10克，氧气透过量为520~3900毫升。防潮性比低密度聚乙烯好得多，但阻氧性仍然很差，不能作除氧包装。

（二）聚丙烯（PP）

聚丙烯的密度为0.88~0.92，比重轻，光泽和透明度良好，有钢性。耐热性强，但热封性稍差。透水量8~10克；氧气透过量为1300~6400毫升。

可用于茶叶小包装的聚丙烯有两种：一种叫未定向聚丙烯（CPP）；另一种叫双向拉伸聚丙烯（OPP）。这两种聚丙烯如与聚乙烯膜复合，都有良好的透明度与防潮性，亦能阻氧、阻香气渗透，适合于花茶包装。聚丙烯的热合性较差，须与聚乙烯复合后，才能作防潮包装袋。

（三）聚酯（PET）

聚酯的机械强度高，透明度和印刷性良好。12微米厚的膜水蒸气透过量15克；氧气透过量52~130毫升。它难以热封。与聚乙烯膜复合，具有良好的阻氧性，是制作茶叶小包装袋内放吸氧剂的好材料。

（四）铝箔膜

常采用聚酯/铝箔/双向拉伸聚丙烯（PET/AL/OPP）组合，通称铝箔复合膜，透湿度0.1克；透氧量1.5毫升，是目前茶叶小包装中防潮、阻氧、保香性能最好的一种。

（五）玻璃纸

玻璃纸的透明性好，有刚性，防潮、保香、阻氧性能一般，热合性很差，一般只作纸盒小包装茶的外层包装材料。各种包装材料的基本特性见表8。

表8 部分薄膜包装材料的基本特性

材料名称	代号	特 点	适用
聚乙烯	PE	透明、价低、热封性好、但防潮、阻氧、保鲜极差	低档茶临时包装
高密度聚乙烯	HPOE	半透明、保鲜比低密度聚乙烯好	纸盒茶内袋包装
聚丙烯/聚乙烯	OPP/PE	价格适中，保鲜尚好	中上档茶包装，可放除氧剂
聚酯/聚乙烯	PET/PE	价格较高，保鲜很好	名茶包装，可放除氧剂
聚丙烯/铝箔/聚乙烯	OPP/AL/PE	价格较高，保鲜很好	名茶包装，可放除氧剂
聚酯/铝箔/聚乙烯	PET/AL/PE	价格高，保鲜特好	名茶包装，可放除氧剂
尼龙/聚乙烯	NY/PE	价格与保鲜尚可	中低档茶包装
玻璃纸		透明、防潮一般	纸盒茶外包装
纸复合罐		保鲜效果接近铁罐	高档茶包装

注：每只袋的规格，指可装茶100克的袋。

二、名优绿茶包装材料的选择

用于包装茶叶的材料，应具有良好的防潮、阻氧、避光、无异味，并要有一定的抗拉强度与良好的热合与复合性。茶叶软包装材料，低密度聚乙烯袋（即普通的塑料食品袋），由于透湿、透氧量大，防潮保香性差，不宜用于名优绿茶包装。其他的单层塑料薄膜如高密度聚乙烯、聚丙烯、聚酯和尼龙等，虽然透湿透氧量较低密度聚乙烯小，但热合性差，难以保证包装袋的密闭封口。这些包装薄膜常与低密度聚乙烯薄膜复合或喷涂铝后再复合，成为双层或三层复合包装材料。如聚丙烯/聚乙烯、聚酯/聚乙烯、尼龙/聚乙烯、聚丙烯/铝箔/聚乙烯、聚酯/铝箔/聚乙烯等复合薄膜，对茶叶都有一定的防潮保鲜效果，其中铝箔复合膜具有避光和高气密性，对茶叶的保色保香效果尤为良好，在被包茶叶含水率不超过6%的前提下，在常温（室温）环境，其保鲜期达10个月以上。

另外，纸复合罐防潮保鲜效果也很好，式样与普通铁罐相似。它的结构层次由外到内是胶版纸/纸板/铝箔/聚乙烯。

三、名优绿茶保鲜技术

目前国内常用的茶叶保鲜技术，是使用防潮、阻氧性能好的包装袋，再采用除氧剂、抽真空、抽气充氮、抽气充二氧化碳、放干燥剂等方法，在此基础上进行低温贮藏，其保鲜效果更好。

（一）吸氧剂

也叫除氧剂，主要原料是低化合价的活性铁和活性炭经过加工而成。它无毒、无气味，适合于袋装茶的保鲜。本品经密封后，在1～2天内可使系统内的空气氧浓度从21%降到0.1%。目前国内市场上供应的吸氧剂有50型、100型、200型、300型、1000型等规格。每包3～10克重，其型号数字表示该规格能除去氧气的毫升数。例如：一只长×宽×高为20厘米×8厘米×5厘米的铝箔复合膜袋，其容积800毫升，装茶后假设剩余空隙为150毫升，袋内含有32毫升氧气，只要用一包50型的吸氧剂即能使袋内的氧气被吸除，阻止了茶叶成分的氧化作用，达到保鲜的目的；同时，茶袋的体积可缩小20%左右，有利于成品茶袋箱运输。

但是，必须指出，用纸盒包装的茶不能放吸氧剂。如果纸盒内产生负压，会被外界大气压瘪，单层聚乙烯薄膜袋（俗称食品袋）放吸氧剂无用，因它透氧性太大，起不到除氧的作用。

（二）真空充氮

实际就是把容器内的空气去除，充入钢瓶装的氮气。小包装茶经真空充氮处理后，茶袋呈气囊式膨胀，给成品运输带来不便。加上钢瓶运输、供氮之不便，现在处于逐步被淘汰状态。

（三）真空包装

用密封性好的聚酯/乙烯复合袋包装茶叶，袋内抽真空至50毫米汞柱以下，使袋内的氧浓度下降到1%左右，亦有保鲜效果。由于袋内呈“真空”，故整个小包装茶像砖块一样硬。

（四）真空充二氧化碳

方法与真空充氮一样，但由于二氧化碳纯度低，往往含有水分，故充二氧化碳保鲜茶叶的效果甚差，一般不采用。

（五）用硅胶吸湿

防潮性较好的包装袋内放一小包变色硅胶，能起到去湿保鲜的效果。放硅胶的数量按重量计算，茶叶和硅胶的比例是10：1。当变色硅胶由蓝色转为红色时，经烘或在无油腻气味的锅内炒至蓝色又可使用。

（六）保鲜效果比较

在茶叶含水率不同或相同的情况下，使用不同品种的茶叶包装袋，再采用真空、充氮、除氧剂，贮藏于室温或低温环境中，试验结果见表9。

从表9的包装贮藏试验中可以看出，当茶叶含水率在4%～5%时，用铝箔复合膜袋包装加放除氧剂，低温环境贮藏，对茶叶保鲜效果最好。

用防潮性能较好的铝箔复合袋和聚酯/聚乙烯复合袋包装，放除氧剂后在室温贮藏，保鲜效果也较好。

表9 不同包装材料与贮藏方法对茶叶品质的影响

包装茶叶	茶叶含水%	处理	评分	评语	名次
铝箔复合袋	4.1	室温	85.7	尚新鲜	1
	5.6	室温	83.9	尚新鲜	2
	8.5	室温	81.6	稍陈熟	3
铝箔复合袋	5.6	室温	72.4	陈熟味	5
	5.6	室温、真空	81.3	较新鲜	3
	5.6	室温、充氮	84.3	较新鲜	1
	5.6	室温、除氧剂	81.8	尚新鲜	2
	5.6	室温、充二氧化碳	75.3	显陈味	4

包装茶叶	茶叶含水%	处　理	评分	评语	名次
铝箔复合袋	4.9	室温	77.4	黑陈味	6
	4.9	室温、除氧剂	87.7	较新鲜	3
	4.9	10℃	83.4	陈茶味	5
	4.9	10℃除氧剂	87.8	较新鲜	2
	4.9	-5℃	87.2	较新鲜	4
	4.9	-5℃除氧剂	89.2	接近新茶	1
进口铝箔复合袋	4.9	室温	77.5	显陈味	1
上海产铝箔复合袋	4.9	室温	72.7	品质差	3
江苏产铝箔复合袋	4.9	室温	75.7	陈味茶	2
进口铝箔复合袋	4.9	室温、除氧剂	86.7	较新鲜	1
上海产铝箔复合袋	4.9	室温、除氧剂	84.8	尚新鲜	2
江苏产铝箔复合袋	4.9	室温、除氧剂	80.0	尚新鲜	3
聚酯/聚乙烯	4.9	室温、除氧剂	84.0	较新鲜	1
聚乙烯	4.9	室温、除氧剂	66.7	劣变茶	2
聚酯/聚乙烯	4.9	室温	70.7	汤暗显陈	1
聚乙烯	4.9	室温	67.1	劣变茶	2

注：1. 铝箔复合袋＝聚丙烯/铝箔/聚丙烯。
2. 聚乙烯＝市场上常用的食品袋。
3. 茶叶包装贮藏一年后进行评审品质。

用单层聚乙烯袋（即食品袋）包装茶叶，由于它透湿、透氧性大，即使放除氧剂包装也无用。用聚乙烯袋包装茶叶，只能是临时短暂的防潮措施。

用铝箔复合袋、聚酯和聚丙烯复合袋包装茶叶，再经充氮气或充二氧化碳，从理论上讲亦有保鲜效果，但由于氮气和二氧化碳纯度不够，往往含有水分，经充气后，常会产生“加湿”现象，对茶叶的保鲜效果不理想。现在，充氮和二氧化碳保鲜茶叶的方法，在生产中已被淘汰。

四、值得重视的几个问题

小包装茶一般都是高档茶，属地方性的名特产商品，生产者应做到立厂名声，树袋装茶牌子。要像“天坛牌”特级珠兰茶小包装那么过硬，除茶叶质量外，生产小包装茶还应注意如下一些问题。

（一）包装前茶叶必须干燥

每包小包装茶的体积一般不超过1000立方厘米。正由于茶的数量少，茶叶层次薄，与空气接触面大，故小包装茶比大件茶更容易受潮变质。因此，包装前必须保持茶叶干燥。花茶的含水率应不超过8%，其他茶应不超过6%，含水率7%～8%的茶叶，装入小包装两个月后，绿茶的绿色已退至黄褐色，且明显地产生陈茶味，消费者购买了变质茶往往抱怨茶叶质量差，这样，会影响声誉。已受潮的茶叶，应先复火再包装，保持茶叶品质最有效的方法是保持茶叶干燥，在这个前提下再增放除氧剂、低温、避光贮藏，才能取得良好的保鲜效果。

（二）防止茶叶污染油腻味

小包装茶很易污染机油异味，这些异味主要来自包装材料本身的异味和印刷图案的色彩油腻味。做小包装的纸盒不应采用双面抛光上蜡的纸板，印刷图案不宜采用重墨多彩的浓色。如稍带机油味的纸盒，应先将纸盒打开，用70℃～80℃的温度在烘箱内烘3～5小时，烘去油墨味，也可将盒子打开，在日光下轻晒或在室内通风处散发油腻气。

新的马口铁茶罐带严重的油腻“哈喇味”，应先用毛刷洗衣粉溶液清洗内壁，去除油污，再用清水漂洗干净，烘干或晒干后再用。即使是上等好茶，一旦污染了“油喇啦味”即成次品。

（三）包装袋上最好开透明观察孔

顾客能看清小包装内茶叶质量的，比看不见茶叶的要好销得多。这个信息具有经济价值，符合消费者购买小包装茶的心理状态，设计小包装时应考虑这个因素。如使用透明薄膜袋包装的，印刷色彩时在袋的背面中下部开透明观察孔较为合适，开孔面积5～6平方厘米即可。但切勿在封口平的袋底处开观察孔。因末茶沉底，顾客首先看到的是茶末，这会造成断碎质次的假象而影响销售。

（四）应筛去16孔以下的碎末茶

各种高档的名优茶，不应含有16孔以下的碎末茶，在包装前需用16孔筛去除碎末。否则影响外观，不受消费者欢迎。

（五）袋的形式不宜过多

为了降低生产成本，提高小包装茶的经济效益，包装盒的形式不宜太多，色彩多，制版费和印刷费高。为了弥补袋的品种少，茶叶规格多的矛盾，可按茶叶品种花色印刷各种不干胶纸标签，贴在小包装袋上即能分明茶的规格。这样，同一种规格的包装袋（盒）可装不同级别的茶。

（六）印刷包装盒（袋）须符合标签法

印刷纸盒或软包装袋，必须符合标签法规，否则工商行政管理部门会禁止出售。包装盒（袋）上必须具有生产厂家、地址、邮政编码、茶叶名称、商标、级别、净重、出厂日期、保鲜期，如有电话、图文传真的，也应印刷在内。某些易变动的项目可临时印刷小标签加以补充。但必须能看清未开包所加放的标签内容。

包装的茶叶，未经主管部门或法定质检机构批准、认可的产品，不得自加“优质产品”“名优产品”等虚构名称印刷在包装盒上。

（七）包装袋不宜太薄

软包装袋太薄，易被茶叶戳穿，如使用聚乙烯袋作纸盒茶内包装的，其厚度不宜少于 40 微米；直接用于包装茶叶的不少于 50 微米；临时当布袋用的厚度不少于 70 微米。其他质地较好的复合袋，厚度也不应少于 60 微米。